KB087915

나는 매일 책 읽어주는 엄마입니다

나는 매일 책 읽어주는 엄마입니다

이혜진 지음

일 년 열두 달
우리 집 독서 달력

매일 도서관 가는 엄마의
똑똑한 북큐레이션

로그인

불확실한 시대에 맞서는
가장 현명한 무기, 책

코로나바이러스감염증-19로 인해 우리는 '사회적 빙하기'를 맞은 것처럼 보입니다. 이동과 모임에 제동이 걸리고 사람과 사람 사이엔 물리적·심리적 안전거리가 형성됐습니다. 도서관에서 책을 읽거나 친구 손잡고 학교에 가는, 지극히 평범한 일상마저 멈춰버린 요즘. 아이를 키우는 엄마로서 일련의 사태를 지켜보며 제 마음도 낯선 변화 앞에 크게 일렁였습니다.

올 한 해, 얼마나 많은 일들을 이루셨나요? 예고 없이 들이닥친 전 세계적 재앙 때문에 계획했던 일들이 물거품 되진 않았나요? 모든 게 멈춰선 것 같아 안타깝기만 한데 야속하게도 시간은 지체 없이 흘러갑니다. 쏟아지는 뉴스에 온 신경을 곤두세우며 우왕좌왕하는 사이 수개월이 순식간에 사라졌습니다. 어느 날 문득 정신을 차렸을 땐 한 해가 반 토막나 있었지요. 급변한 환경에 적응하느라 진을 빼고 나니 올해 달력이 한 장밖에 남지 않았네요.

온전히 내 것이라 믿었던 시간마저 바이러스에 빼앗긴 기분입니다. 집 안에 갇혀 우울해하는 아이들의 모습은 안쓰러울 정도고요. 밥으로 시작해 밥으로 끝나는 '돌밥(돌아서면 밥한다)'의 무한반복은 고난의 행진입니다. 온라인 학습으로 대체된 아이들의 학교생활이 학습 공백으로 이어지진 않을까 불안한 마음도 커져만 갑니다.

피할 수 없는 위기, 관점을 바꾸면 '기회'가 된다

그런데 아이러니하게도 언 일 년 간 독한 바이러스와 함께 지내다 보니 전에 보이지 않던 긍정적 변화들이 눈에 띄기 시작했습니다. 열심히 손 씻고 마스크를 쓴 덕에 아이들은 잔병치레가 확 줄었습니다. 집에 머물며 보충 학습을 한 덕분에 모르고 지나칠 뻔한 '약점 과목'을 단단히 다질 수 있었습니다. 가장 반가운 변화는 독서가 일상이 됐다는 점입니다. 심심해서 뒹굴던 아이들이 스스로 책을 집어 들기 시작한 겁니다. 장기화된 집콕 생활이 자발적 독서에 불을 당긴 셈이지요. 부정적인 감정들로 뒤범벅돼 있던 마음도 차츰 희망적으로 변하기 시작했습니다.

바이러스 덕분에(?) 어른보다 더 바빴던 아이들이 집에 머무르는 시간이 늘었습니다. 이런저런 행사들로 분주했던 주말은 더없이 한가해졌죠. 한 자리에 앉아 선생님의 설명을 듣기만 하던 아이들은 자기주도학습과 자율학습에 익숙해졌습니다. 학습 참고 자료는 교과서를 넘어 공신력 있는 전문가, 개성 있는 크리에이터들이 제작한 다채로운 형식의 제작물로 확장됐습니다.

낯설고 불편하기만 했던 변화들이 점차 발전적인 의미로 해석되기 시작했습니다. 숙제하기 바빴던 아이들에게 책 읽을 시간이 생겨 참 다행이라고요. 가족이 다 함께 밥 먹을 기회가 늘어 무척 감사하다고요. 삶의 패턴이 완전히 뒤바뀌자 그동안 방구석에서 눈칫밥만 먹던 책들도 생기를 되찾은 듯 보입니다. 이제 우리가 그들을 찬찬히 들여다보고 살펴봐 주니까요.

지금 아이들에게 가장 필요한 건 '마음의 백신'

올 한 해 동안 우리 아이들도 무척 혼란스러운 시간을 보냈을 겁니다. 모니터만 들여다보는 하루가, 친구들과 어울려 놀지 못하는 주말이 안타깝고 슬펐겠지요. 언제 끝날지 모를 집콕 생활이 못 견디게 답답했을 겁니다. 몸도 마음도 꽁꽁 묶인 것 같은 일상 속에 "유치원(학교) 가기 싫다"는 투정은 쏙 들어간 지 오래입니다.

코로나19에 지친 아이들에겐 몸의 건강을 지켜줄 백신만큼 마음의 건강을 책임져 줄 양서가 그 어느 때보다 필요한 상황입니다. 스릴 넘치고 흥미진진한 이야기책은 재주 많은 친구처럼 무료한 시간을 달래줄 테고요. 미래를 꿈꾸고 설계하는 데 도움이 될 책들은 멘토로서의 역할을 톡톡히 해낼 것입니다. 발전의 기쁨과 인생의 재미를 알게 할 책들은 학교를 대신해 아이들의 성장을 이끌어줄 것이며, 관계와 소통의 의미를 일깨우는 책들은 무뎌진 사회적 감수성을 벼르는 데 제격일 겁니다. 늘어난 시간, 무기력한 아이들에게 책을 권하는 일은 '코로나 시대'를 사는 부모님들에게 새롭게 부여된 중요한 임무입니다.

독서 달력, '꾸준히 읽는 삶'을 위하여

많은 부모님들이 아이들 인생에서 독서만큼 중요한 건 없다고 말씀하십니다. 하지만 실제로 독서를 생활화하는 부모님은 그리 많지 않지요. 아이를 키우며 책을 읽는다는 건 꽤 많은 노력을 기울여야 하는 일이니까요. 저 역시 책 육아를 실천하고자 노력하지만 난관에 부딪힐 때가 많습니다.

지난해 말 한 해 동안 아이들과 어떤 책을 읽었는지 가만히 떠올려 보았습니다. 인상 깊었던 책들이 주르륵 떠오를 줄 알았는데, 웬걸요. 바쁘다는 핑계로, 피곤하다는 이유로 책한 권 읽지 못하고 지나친 날들이 마음속을 가득 메웠습니다.

어떻게 하면 아이들과 책으로 충만한 한 해를 보낼 수 있을까? 어떻게 하면 똑같은 후회를 반복하지 않을까? 혼자 고민하던 차에 불현듯 '독서 달력'이라는 아이디어가 떠올랐습니다. 중요한 일정을 달력에 미리 표시해 두는 것처럼, 읽어봄직한 책들을 달력에 써 놓는다면 꾸준히 읽는 삶을 실천할 수 있을 거란 생각이 들었습니다.

스치듯 떠오른 생각이 계기가 되어 지난해 말 '독서 달력'을 만들어 봤습니다. 달력을 거실 중앙에 걸어놓는 것만으로도 꽤 효과적인 동기부여가 되었지요. 먼저 만들어 써 보고 나니 더 많은 사람들과 나누고 싶다는 마음이 들었습니다.

그래서 올해도 오랜 시간 공들여 여러분들과 함께하고픈 '2021년 독서 달력'을 만들었습니다. 계절과 국경일에 어울리는 똑똑한 지식 정보책, 특별한 기념일에 우리 마음을 수놓을 아름다운 그림책을 고르며 참 많이도 설렜습니다. 다양한 이야기로 풍성해질 내년을 떠올리면 상상만으로도 기분이 좋아졌지요.

많은 사람들이 새해 결심으로 독서를 꼽습니다. 하지만 작심삼일로 그치는 경우가 대부분이지요. 책 육아를 목표로 하는 부모님들도 마찬가지일 겁니다. 목표로만 끝나는 독서가 지긋지긋하다면, 아이에게 어떤 책을 읽어줄까 고민하다 시작도 전에 지쳐 버린다면 올해엔 독서 달력을 글벗 삼아 도전해 보는 건 어떨까요? 언제 봐도 좋은 작품, 배꼽 빠지게 재미있는 작품, 시의적절하게 읽으면 더욱 의미 있는 작품들을 이 달력이 꾸준히 추천해 줄 테니까요.

코로나19 팬데믹이 발생한 지도 벌써 일 년이 다 되어 갑니다. 이제 미래는 코로나 전과 후로 나뉜다고 하지요. 앞으로 우리는 감기나 독감처럼 신종 바이러스와 함께 사는 법을 배워야 할 것입니다. 마스크 없이 밖에 나가 신나게 뛰놀고 바닷가에서 모래놀이를 하던 이전의 삶이 언제 다시 가능할지 누구도 예측할 수 없는 상황입니다. 그렇다고 아무것도 하지 않은 채 허송세월할 수는 없습니다. 보석 같은 우리 아이들의 유년기는 그냥 흘려버리기엔 너무나 짧으니까요.

암흑 같은 이 시기도 분명 지나갈 것입니다. 그때까지 우리는 주어진 시간을 최대한 활용하며 새로운 희망에 안전하게 도착할 방법을 찾아야 합니다. 내면의 성장을 이끌어줄 책, 텅 빈 마음을 행복으로 채워줄 책들은 이 시간을 견디는 우리에게 훌륭한 대안이 될 것입니다. 하루하루를 묵묵히 독서로 채워가다 보면 불행이 다행으로 바뀌는 '기적'을 오래지 않아 만나리라 믿어 의심치 않습니다.

2020년 겨울
읽기가 일상이 되길 기원하며
매일 책 읽어주는 엄마
이혜진

차 례

1월

이렇게 재밌는 책이라면!

책 싫어하는 아이도
홀딱 빠질 '꿀' 책 모음

책과 친해지는 독후 활동

2월

지식 쏙쏙!
생각 쑥쑥!

고품격 새해를 위한
'똑똑한' 책 모음

> 오감만족 맛있는 독후 활동

3월

씩씩하게,
당당하게,
자신 있게!

의지가 불끈 솟는
'용기 가득' 책 모음

> 자존감 쑥쑥 독후 활동

6월

**책을 읽으면
세상이 보인다!**

'환경과 역사'를
생각하는 책 모음

> 환경을 생각하는 독후 활동

7월

**책으로 더위를
날리자!**

읽다 보면 시원해지는
'쿨'한 책 모음

> 직업 체험 독후 활동

8월

야호, 방학이다!

여름에 읽으면
더 재밌는 '핫'한 책 모음

그림책 활용 독후 활동

9월

독서의 계절이 돌아왔다!

영혼을 살찌우는
'마음의 양식' 책 모음

친구와 함께하는 독후 활동

10월

먹는 기쁨, 읽는 재미!

눈과 입이 즐거운
'맛있는' 책 모음

말의 품격을 높이는 독후 활동

11월

책날개 타고 떠나는 상상 여행!

책과 사랑에 빠지는
'환상적인' 이야기 모음

달콤하고 환상적인 독후 활동

독서 달력 사용설명서

- 6세부터 초등 저학년이 보기에 적절한 책들을 수록했습니다. 추천 도서들에 대한 간략한 소개와 독후 활동 팁이 담겨 있습니다.

- 부록인 '독서 달력'은 눈에 띄는 곳에 걸어두세요. 달력 옆에 필기구나 스티커를 함께 두면 더욱 좋습니다. 명절과 절기, 국경일에 어울리는 책들은 잊지 말고 꼭 읽어보세요.

- 반드시 달력에 나와 있는 대로 책을 읽을 필요는 없습니다. 아이가 읽고 싶어 하는 책이 있다면 먼저 읽도록 해주세요. 선택권을 아이에게 주시면 독서가 더 즐거워진답니다.

- 책을 읽었다면 스티커나 도장을 이용해 날짜 칸을 예쁘게 꾸며 보세요. 별모양 스티커를 이용해 책에 별점을 주는 활동도 재미있습니다.

- 책 제목이 쓰여 있지 않은 날엔 부모님과 아이가 원하는 책을 자유롭게 읽어보세요. 부모님이 고른 책과 아이가 고른 책이 균형을 이룬다면 더욱 좋겠지요? 읽은 책을 기록해 두면 달력은 훌륭한 독서기록장으로 변해 있을 거랍니다.

- 달력을 넘길 때마다 한 달 동안 얼마나 많은 칸을 책으로 수놓았는지 확인해 보세요. 독서를 꾸준히 실천했다면 아이를 듬뿍 칭찬해 주세요. "정말 대단해!" "네가 해낼 줄 알았어!" "함께 읽은 덕분에 엄마도 이만큼이나 읽었네!" 같은 말들로요. 아이의 독서 습관은 엄마의 칭찬을 먹고 자란답니다.

- 바빠서 그냥 지나친 책, 관심 없다고 미뤄뒀던 책이 있나요? 기회가 될 때마다 잊지 말고 찾아 읽어보세요. 꼭 처음부터 끝까지 읽을 필요는 없어요. 관심이 가는 페이지만 읽고 덮어도 좋습니다. 아이가 좋아하는 책은 무한 반복해도 괜찮고요. 다양한 분야의 책을 두루 접하며 반복해 읽다 보면 독서는 습관이 되어 있을 거랍니다.

- 올해의 마지막 날, 어여쁜 '책벌레'로 변신해 있을 우리 아이들의 모습이 그려지시나요? 욕심 내실 필요는 없습니다. 하루 한 권, 일주일에 한 권이라도 '꾸준함'을 목표로 읽어보세요. 이렇게 해를 거듭하다 보면 어느새 아이는 아름다운 탐서주의자로 성장해 있을 거랍니다.

이건 꼭 지켜주세요!

- 책을 읽을 땐 TV가 없는 곳으로 자리를 이동해 주세요. 아이 눈에 스마트폰이 보이지 않도록 치워 주세요.

- 아이와 함께 책 읽는 시간을 미리 정해 놓으세요. 온 가족이 함께 읽으면 더욱 좋겠지요?

- 아이가 혼자 책을 읽을 수 있어도 부모님께서 부드러운 음성으로 낭독해 주세요. 적절한 질문과 반응으로 아이의 사고와 상상력의 물꼬를 틔워주세요.

- 아이가 책을 가지고 놀며 마음껏 탐색할 수 있게 허용해 주세요. 도서관에서 대여했거나 누군가에게 빌린 책이라면 다른 사람과 함께 읽는 책은 어떻게 다뤄야 하는지 정확히 알려주세요.

- 만약 아이가 책을 거부한다면 끝까지 읽지 않아도 됩니다. 아이들에겐 읽기 싫은 책을 읽지 않을 권리도 있으니까요. 같은 책만 반복해서 읽는다고요? 그것도 괜찮습니다. 형식에 제한을 두지 말고 즐겁게 읽도록 도와주세요.

- 그림책은 대부분 이야기가 짧습니다. 그렇다고 단숨에 읽어버리진 마세요. 그림의 언어 속엔 웅숭깊은 삶의 철학이 녹아 있는 경우가 많답니다. 그림을 찬찬히 들여다보며 아이와 이야기꽃을 피워 보세요. 낯설고 아름다운 그림책 속으로 들어가 감응의 시간을 가져보세요.

- 6, 7세 유아에게 지식 그림책은 다소 어려울 수 있습니다. 아이가 힘들어하면 그림 위주로 훑어보고 넘어가는 것도 방법입니다. 특정 주제와 관련된 부분만 발췌해 읽거나 몇 개월 뒤 또는 이듬해 다시 꺼내 읽는 방법을 활용해 보세요.

- 혹, 독서 달력이 추천하는 책을 이미 읽으셨다면 새로운 관점에서 다시 한 번 읽어보세요. 같은 책이라도 읽는 시기나 기분에 따라 전혀 다르게 읽힌답니다. 책은 한 번 보고 접어두는 '일회용'이 아니라는 걸 아이들에게 몸소 보여주세요.

- 정답을 요구하는 질문은 지양해 주세요. 아이의 생각과 감상을 묻는 질문이 좋습니다. 책으로 함께하되 아이 홀로 이야기를 즐길 시간을 충분히 주세요.

- 독서에 정해진 방법은 없습니다. 책을 매개로 서로의 온기를 나누고 소통하며 흠뻑 즐기는 시간을 가져보세요.

※ 이 책에 사용된 표지의 저작권은 모두 해당 책의 저작자와 출판사에 있습니다.

이렇게 재밌는 책이라면!

책 싫어하는 아이도 홀딱 빠질 '꿀'책 모음

새해가 시작됐습니다. 올 한 해 우리의 글벗이 되어줄 독서 달력, 잘 걸어두셨나요? 한 해 동안 이루고 싶은 목표와 실천 사항들을 달력 옆에 함께 붙여 보세요. 자주 들여다보고 생각할수록 꿈에 더 가까워진답니다.

올해 우리의 독서 목표는 '부모와 아이가 함께 성장하는 책 읽기'입니다. 실천 요령은 '꾸준히 차근차근'이고요. 마음을 비우고 달력을 보며 천천히 한 권씩 읽어 보세요. '몇 권을 읽었는지'보다 '얼마나 즐기며 읽었는지'에 초점을 맞춰 주세요. 독서 습관을 들이는 데 재미만큼 귀한 보약은 없으니까요.

아이가 책 읽기를 싫어해 벌써 걱정이시라고요? 염려마세요. 책만 펼치면 도망가던 아이들도, 책만 잡으면 몸을 배배 꼬던 아이들도 깔깔거리며 신나게 읽을 책들을 준비했답니다.

눈코 뜰 새 없이 바빠 아이와 책 읽을 시간이 부족한 부모님께는 밥상머리 독서 또는 베드타임 스토리를 추천합니다. 저녁밥 먹은 뒤 10분, 잠들기 전 10분만이라도 아이에게 꼭 책을 읽어 주세요. '매일 독서 10분'이 아이의 10년 후 미래를 변화시킬 수 있다는 믿음으로요. 그럼 희망차게 1월의 독서, 시작해 볼까요?

1월

일요일	월요일	화요일	수요일	목요일	금요일	토요일
					1 신정	2
3	4	5 소한	6	7	8	9
10	11	12	13	14	15	16
17	18	19	20 대한	21	22	23
24	25	26	27	28	29	30
31						

이렇게 재밌는 책이라면! 책 싫어하는 아이도 홀딱 빠질 '꿀'책 모음

1월 1일 + 주무르고 늘리고 / 다짐 대장 / 엄마, 잠깐만!

1월 6일 + 간질간질 / 바바파파 신나는 서커스

1월 15일 + 토선생 거선생 / 거기, 이 책을 읽는 친구 / The Thank You Book /
모 윌렘스의 코끼리와 꿀꿀이 & 비둘기 시리즈

1월 19일 + 잘 자요, 달님 / 깊은 밤 부엌에서 / 앗, 깜깜해

1월 28일 + 모모모모모 / 밥 먹자!

① 뭐든 될 수 있어

글·그림   요시타케 신스케
옮긴이   유문조
펴낸 곳   위즈덤하우스

책을 사랑하는 아이로 변신시킬 달력 따라 책읽기, 그 첫 번째 책은 일본의 천재 그림책 작가 요시타케 신스케의 《뭐든 될 수 있어》입니다. 표지부터 뭔가 대단히 흥미진진한 이야기가 펼쳐질 것 같은 이 그림책은 천방지축 우리 아이들을 쏙 빼닮았답니다.

책 엿보기 ○

이 책의 주인공은 귀엽고 깜찍한 꼬마 소녀 '나리'입니다. 젖은 머리를 말리고 베개까지 뒤집어쓴 걸 보니 이제 막 잘 준비를 하던 참인가 봅니다. 그런데 번뜩, 엉뚱 발랄한 나리의 머릿속에 재미있는 아이디어가 떠오릅니다. 바로 흉내 내기 놀이. 나리는 자기가 설명하는 게 무엇인지 엄마에게 알아 맞춰보라고 제안합니다.

이때부터 본격적으로 웃음 폭탄이 팡팡 터집니다. 놀라우리만치 예리한 관찰력과 주변 사물을 적재적소에 활용하는 순발력, 순수한 동심에서 비롯된 유쾌한 상상력은 아이들이 품고 있는 무궁무진한 가능성을 보여줍니다.

작고 귀여운 아이의 기상천외한 상상놀이를 읽다 보면 슬며시 나도 뭔가 될 수 있을 것 같은 기분이 듭니다. 마음만 먹으면 오므라이스도 될 수 있고, 외계인도 될 수 있는 우리 아이들. 당연히 현대판 세종대왕도, 제2의 스티브 잡스도 될 수 있겠지요?

함께 읽을 땐 ○

아이와 함께 책을 읽으며 나리가 내는 문제를 맞혀보세요. 누가 더 많이 맞히는지 시합을 하면서요. 아이가 정답을 맞히면 기쁘게 칭찬해 주세요.("창의력이 대단한 걸!") 아이가 글을 읽을 수 있다면 각각 '나리'와 '엄마' 역할을 나눠 읽어보세요. 마치 역할극을 하는 것처럼 말이지요. 책장을 덮으며 엄마의 감상을 말해 주세요. 그럼 아이도 자연스럽게 자기의 느낌을 표현할 거랍니다.

이것만은 놓치지 마세요! ○

자꾸 정답을 비껴가는 엄마의 말에 신이 났던 나리가 폭발하고 맙니다.

"왜-애, 엄마는 몰라?! 나리의 기분이 돼 보라고!!"

"엄마가 어떻게 알아."

어디서 많이 들어본 대사 아닌가요? 밀린 집안일을 하며 심드렁하게 답하던 나리 엄마의 모습 역시 우리와 크게 다르지 않습니다. 아이의 기분이 어떤지 들여다보고 공감해 주기보다 바쁜 일을 처리하는 데 집중할 때가 많으니까요. 엉뚱한 질문을 쏟아내거나 얼토당토않은 일을 요구할 때, 어쩌면 아이들은 나리처럼 엄마의 관심을 얻고 싶어 그럴지 모릅니다. 같은 걸 보고 즐기는 경험을 통해 '엄마와 나는 하나'라는 사실을 확인하고 싶어서 말이지요. 이 페이지를 넘기기 전, 아이에게 물어보세요.

"어떨 때 엄마 때문에 속상해?"

"엄마가 네 마음을 몰라줘서 섭섭한 적이 있었어?"

아이의 속마음을 엿볼 수 있는 기회, 이 책이 주는 '덤'이랍니다.

책을 읽은 후에는 ○

　책장을 덮으며 "너도 뭐든 될 수 있어!"라고 말해주세요. 그리고 나리와 엄마처럼 '뭐든 될 수 있어' 게임을 신나게 해보세요. 번갈아가며 온몸으로 문제를 내다 보면 동네가 떠나갈 듯 한바탕 크게 웃게 된답니다.

　올해 이루고 싶은 것들에 대해 얘기하는 특별한 시간도 가져보세요. 구체적인 목표 세 가지만 정해 목록을 작성해 보세요. '양치질 3분 동안 하기', '매일 감사일기 쓰기', '일주일에 한 번 도서관 가기'처럼 실천 가능한 목표를 세우는 게 가장 중요하답니다. 모양이 특이하거나 색깔이 예쁜 포스트잇을 활용하면 쓰기 활동도 재미있는 놀이가 됩니다.

함께 읽으면 좋은 책 🔖

　이 책을 읽은 뒤엔 요시타케 신스케의 《주무르고 늘리고》도 읽어보세요. 책을 읽고 신나게 밀가루 반죽 놀이를 해보면 더욱 좋겠지요. 아이가 만든 모양 그대로 오븐에 구워 먹으면 또 다른 재미를 느낄 수 있답니다.

　초등 저학년 아이들에겐 《다짐 대장》(글 서지원·그림 백명식 / 좋은책어린이)을 추천합니다. 늘 작심삼일에 그치는 주인공의 모습을 통해 '말하긴 쉬워도 실천하기는 어렵다'는 진리를 깨닫게 하는 책입니다. 목표를 현실화하는 가장 강력한 무기는 '꾸준한 노력'이라는 걸 이야기를 통해 아이들에게 다시 한 번 일깨워 주세요.

　일과 육아를 병행하느라 바쁜 엄마들에겐 그림책 《엄마, 잠깐만!》(글·그림 앙트아네트 포티스 / 한솔수북)을 추천합니다. 아이가 "잠깐만"이라고 말할 때 잠시 멈춰 귀를 기울여 보세요. 환상적인 무지개를 보게 될지도 모른답니다.

❷ 커졌다!

글·그림   서현
펴낸 곳   사계절

두 번째 책은 감각적인 캐릭터와 색채가 단박에 시선을 사로잡는 《커졌다!》입니다. 예쁘장한 월트디즈니 공주들이나 화려한 슈퍼 히어로들과는 차원이 다른, 독특한 그림 세계가 펼쳐지지요. 한 번 읽고 나면 계속 찾게 되는 마력의 그림책이랍니다.

책 엿보기   ○

아이들은 매일 궁금해합니다. 키가 얼마나 자랐는지를요. 그리고 빨리 아빠만큼, 엄마만큼 키가 크고 싶다고 말합니다. 높은 선반 위의 과자를 마음껏 꺼내먹고 스릴 넘치는 놀이기구도 제한 없이 타려면 키가 커야 하니까요. 아이들에게 키는 성장의 중요한 척도입니다. '할 수 있다'와 '없다'를 가르는 능력의 상징이기도 하죠. 그래서 또래나 가족들보다 상대적으로 키가 작은 아이들은 곧잘 주눅이 들곤 합니다.

《커졌다!》는 키가 작아 슬픈 아이들에게 용기를 불어넣는 유쾌한 그림책입니다. 키 때문에 고민인 주인공이 쑥쑥 자라다 못해 지구를 뚫고 용솟음치는 모습은 짜릿한 쾌감을 넘어 통쾌한 카타르시스를 선사합니다. 버스를 롤러스케이트처럼 신고 도로를 질주하며 마트를 통째로 들어 삼키는 주인공. 재치 넘치는 작가의 상상력이 한밤의 화려한 불꽃놀이처럼 다채롭게 펼쳐집니다.

다시 현실 세계로 돌아온 주인공은 여전히 키가 작지만 더 이상 서럽지 않습니다. 빨리 키가 크고 싶어 안달복달하지도 않지요. 키 작은 설움을 한 방에 날려준 블록버스터급 판타지를 경험하고 돌아왔으니까요.

함께 읽을 땐 ○

기발한 상상이 놀랍도록 재미있게 표현된 그림책입니다. 걸어다니는 물고기, 땅콩머리 아저씨처럼 그림 살펴보는 재미가 쏠쏠하지요. 구름 위에서 펼쳐지는 4대 성인의 배드민턴 경기는 단연 압권입니다. 어떤 그림이 가장 인상적인지 조잘조잘 이야기 나누며 읽어보세요.

이것만은 놓치지 마세요! ○

아이들은 자라는 존재입니다. 자라는 게 본연의 일인 만큼 '얼마나 자랐는지'를 '얼마나 잘하고 있는가'로 받아들이기도 합니다. 기관이나 학교에 들어가면 크고 작음이 더욱 분명하게 눈에 들어옵니다. 키 큰 친구들이 대장 역을 도맡고, 키가 작다는 이유로 놀이에서 소외되는 경험을 하고 나면 더욱 키에 예민하게 반응합니다.

아이가 작은 키 때문에 고민한다면《커졌다!》에 나오는 좋은 습관들을 눈여겨보세요. 책장 위 선반에 손이 닿지 않던 주인공이 마지막에 원하던 책을 꺼낼 수 있었던 건 상상의 힘 때문만은 아닐 겁니다. 주인공의 키가 큰 건 매일 우유를 마시고 열심히 운동을 하고 늦지 않게 잠자리에 들었던 건강한 습관 덕분이었겠지요. 아이에게도 이런 사실을 넌지시 알려주세요. 특별함은 항상 평범함 속에 숨어 있다는 걸 깨달을 수 있게 말이지요.

책을 읽은 후에는 ○

아이와 '키 재는 날'을 정해 얼마나 자랐는지 정기적으로 확인해 보세요. 키 크는 데 도움이 되는 음식과 운동을 찾아보고, 우리만의 건강한 생활 규칙을 만들어 보세요. '매일 스트레칭 10분', '하루 우유 한 잔'처럼 실천 목록을 적어 붙이고 스티커를 이용해 얼마나 달성했는지 확인해 보세요. 키를 재고 난 후엔 건강하게 자라고 있는 아이를 듬뿍 축복해 주세요!

함께 읽으면 좋은 책

서현 작가의 또 다른 작품《간질간질》도 읽어보세요. 머리카락 한 올에서 시작된 재미있는 상상이 유쾌하게 펼쳐집니다. 심심함에 지쳐 쓰러진 아이에겐《바바파파 신나는 서커스》(글·그림 안네트 티종, 탈루스 테일러 / 빛글)를 건네주세요. 자유자재로 몸을 바꾸는 바바 가족의 모험담은 지루함을 싹 날려버린답니다. 바바파파 시리즈의 다른 책들도 찾아 읽어 보세요!

③ 호랑이가 책을 읽어준다면

글·그림	존 버닝햄
옮긴이	정회성
펴낸 곳	미디어창비

우리 아이들은 책을 어떻게 생각할까요? 아이들에게 이 질문을 하면 십중팔구 '재미없다'는 답이 돌아옵니다. 왜 그럴까요? 가장 근본적인 이유는 책과 관련된 긍정적 경험이 부족하기 때문입니다. 요즘 대부분의 아이들은 부모님 또는 선생님의 권유(라 쓰고 강요라 읽는)에 의해 수동적으로 책을 읽습니다. 숙제를 하기 위해 의무적으로 읽는 경우도 많지요. 초등 고학년 이상이 되면 시험을 보기 위해 책을 읽습니다. 아무리 좋은 책이라도 평가를 받기 위해 읽는 다면 흥미를 느끼기 어려울 겁니다.

휘황찬란한 미디어의 유혹도 책으로 가는 길목에 커다란 걸림돌이 됩니다. 스치기만 해도 현란하게 반짝이는 스마트폰에 비하면 책은 지루하고 고리타분한 종이더미에 지나지 않습니다. 책도 게임이나 동영상만큼 재미있다고 말하면 아이들은 황당해 할지 모릅니다. 들여다보고 만져 봐도 아무런 반응이 없으니까요. 책은 재미없다고 투정부리는 아이에게 이 책을 권해 보시면 어떨까요? "아까부터 자꾸 너한테 말을 거는 책이 있는데, 한 번 들어 볼래?" 슬쩍 아이의 호기심을 자극하시면서요.

책 엿보기 ○

책장을 열면 쉽게 답하기 힘든 질문들이 쏟아져 나옵니다. 꿀을 모으는 벌과 굴을 파는 토끼 중 누구를 도와주고 싶은지, 펠리컨과 하늘을 나는 것과 물고기랑 헤엄치는 것 중 어느 쪽이 더 좋은지. 단박에 답이 나오는 질문도 있지만 골똘히 생각하게 되는 질문이 적지 않습니다.

폭소가 터지는 질문도 많습니다. 낙타가 내 어깨에 토하는 것과 코끼리가 내게 방귀 뀌는 것, 소똥 위에 철퍼덕 넘어지는 것 중 어느 게 더 싫은지 묻는 질문에선 배꼽을 잡게 됩니다. 심술 맞은 아이에게 한 대 맞는 쪽과 오소리가 떠밀어 넘어지는 쪽 중 어느 쪽을 택하겠냐는 질문에선 황당하기 그지없지요.

생각만 해도 머리가 지끈거리는 현실적인 질문도 있습니다. 할머니가 아끼는 꽃병을 깨뜨린 것과 아빠 차에 상처를 낸 것 중 어느 쪽이 더 걱정되는지 묻는 질문에선 덩달아 심장이 오그라듭니다. 읽다 보면 생각도 할 말도 많아지는 유쾌한 그림책, 아이와 함께 꼭 읽어보세요.

함께 읽을 땐 ○

엄마가 먼저 질문에 답하며 즐겁게 이야기를 이끌어 주세요. "호랑이가 책을 읽어 준다면 어떨 것 같아?" "이야기가 끝날 때까지 우리가 살아남을 수 있을까?"처럼 이야기 속 질문에 유쾌한 자극을 더해 보세요. 엄마가 적극적으로 이야기에 몰입하면 우리 아이들도 신나게 책 속으로 빠져들 거랍니다.

이것만은 놓치지 마세요! ○

친구들이 놀릴 때, 엄마가 잔소리할 때처럼 우리 아이들이 실생활에서 겪는 문제들도 질문에 다양하게 녹아 있습니다. 이런 질문에 아이가 어떤 답을 내놓는지 귀 기울여 들어 보세요. 아이 마음속 깊숙이 숨어 있던 불쾌한 감정들이 자연스레 표출될 수 있으니까요. 만약 아이가 속상했던 일, 억울했던 일들을 꺼내놓는다면 꼭 끌어안고 마음을 어루만져 주세요. 솔직하게 이야기해 줘서 고맙다고 말씀해 주시면 아이들은 이후에도 편안하게 자기 감정을 표현하게 될 거랍니다.

책을 읽은 후에는 ○

우리만의 질문 놀이를 해보세요. 책 내용처럼 기상천외한 문제를 서로에게 내고 답해 보는 겁니다. 엉뚱하고 황당한 질문을 할수록 놀이는 더 재미있어지겠지요? "문이 없는 티베트 화장실과 휴지 없는 인도 화장실 중 어느 쪽을 이용할래?"(세계문화 지식 정보책)처럼 아이가 읽었던 책 내용을 활용한다면 교육적 효과도 누릴 수 있답니다.

함께 읽으면 좋은 책

이솝우화 '토끼와 거북이'를 모티브로 한 그림책《토선생 거선생》(글 박정섭 · 그림 이육남 / 사계절)도 독자에게 말을 거는 그림책입니다. 주인공 토선생은 다급한 상황에 처할 때마다 '독자 양반'을 불러대며 도움을 호소하지요. 기발한 발상의 전환, 고전의 현대적 재해석이 신선한 작품입니다.

《거기, 이 책을 읽는 친구!: 베개 도사 이야기》(글 · 그림 가가쿠이 히로시 / 미세기)도 독자의 도움을 애타게 요청하는 책입니다. 이야기 속 등장인물들이 이상한 구멍에 끼어 옴짝달싹 못하게 되기 때문이지요. 아이와 함께 신나게 책을 두드리고 뒤집으며 위기에 처한 등장인물들을 구출해 보세요.

전 세계 많은 어린이들의 사랑을 받는 동화작가 모 윌렘스의 책 'An Elephant & Piggie Book(코끼리와 꿀꿀이)' 시리즈에는 우리의 마음을 뿌듯하게 하는 책이 있습니다. 바로《The Thank You Book》(글 · 그림 모 윌렘스 / Hyperion Books)인데요. 전혀 어울릴 것 같지 않은 조합, 허나 세상 둘도 없는 단짝인 코끼리와 꿀꿀이가 이 책을 통해 독자들에게 감사 인사를 전합니다.

"Thank you for being our reader!"

"We could not be 'us' without you."

"You are the best!"

귀여운 두 친구는 "우리의 독자가 되어 주어 고맙다"고 말합니다. "네가 없었다면 우리도 없었을 거야. (이 책을 읽는) 네가 최고야"라는 말도요. 코끼리와 꿀꿀이처럼 우리 아이들에게 한 번 더 이야기해 주세요. 엄마 아빠와 함께 책을 읽은 네가 무척 자랑스럽다고요.('코끼리와 꿀꿀이' 시리즈는 전권 모두 사랑스럽고 깜찍합니다. 배꼽 빠지게 재미있는 모 윌렘스의 '비둘기' 시리즈도 잊지 말고 꼭 읽어보세요.)

④ 아빠,
더 읽어 주세요

글·그림 데이비드 에즈라 스테인
옮긴이 김세실
펴낸 곳 시공주니어

《아빠! 더 읽어 주세요》에는 세계 명작 《헨젤과 그레텔》과 《빨간 모자》《어리석은 꼬마
닭》 이야기가 나옵니다. 이 책의 묘미를 100% 느끼고 싶으시다면 세 권의 책을 먼저 읽어
주세요.

책 엿보기 ○

　이 책에는 매우 이상적인 모습의 주인공이 등장합니다. 잠들기 전 책을 읽어 달라고 조
르는, 이야기를 너무너무 사랑하는 꼬마 '닭'이 바로 그 주인공이지요. 꼬마 닭으로 말할
것 같으면, 책의 줄거리를 줄줄 외는 비상한 기억력과 이야기의 결말을 자유자재로 바꾸
는 뛰어난 창의력의 소유자입니다. 우리 아빠 닭은 복도 참 많지요?

　꼬마 닭은 이날도 어김없이 아빠 닭에게 베드타임 스토리를 신청합니다. 그런데 "딱 하
나만 읽어줄게. 오늘은 끼어들지 않을 거지?"라고 말하는 아빠 닭의 표정이 심상치 않습니
다. "얌전히 듣기만 할게요"라고 답하는 꼬마 닭의 표정에서도 수상한 기운이 감지됩니다.

　둘 사이에 흐르는 묘한 기류, 포착하셨나요? 이유는 바로 다음 페이지에서 밝혀집니다.
결말을 모르고 읽어야 더 재미있는 책이기에 뒷이야기는 가려둡니다. 아빠 닭은 복이 참
많다는 말, 마지막 장을 넘기며 또 한 번 느끼게 되실 거랍니다.

함께 읽을 땐   ○

아빠 닭처럼 우리 아이들에게 베드타임 스토리로 이 책을 읽어주세요.《헨젤과 그레텔》과《빨간 모자》《어리석은 꼬마 닭》의 원래 내용을 상기시켜 주면서요. 아이가 글을 읽을 수 있다면 아빠 닭 부분은 부모님이, 꼬마 닭 부분은 아이가 읽도록 유도해 보세요. 책을 모두 읽고 난 뒤 사랑 가득한 굿나잇 키스도 잊지 마세요!

이것만은 놓치지 마세요!   ○

좋은 뜻으로 책을 읽다 아이와 싸운 경험 있으신가요? 틈틈이 책을 사 모으고 공들여 거실을 서재로 바꾸고 목이 아플 정도로 열심히 책을 읽어주는데, 번번이 딴청을 피우는 아이가 알미워 버럭 소리 지른 경험. 다들 한 번쯤은 있을 거라 생각합니다. 저도 그랬거든요.

개인적으로 이 책에서 가장 인상 깊었던 부분은 '똑' 소리 나는 꼬마 닭보다 한 번도 '버럭'하지 않는 아빠 닭의 모습이었습니다. 자꾸만 약속을 어기는 꼬마 닭을 따끔히 야단칠 만도 한데 우리의 아빠 닭은 절대 소리를 높이지 않습니다. 그저 나직하게 꼬마 닭을 부르고 안 되는 이유를 조곤조곤 설명해 주지요. 책으로 아이와 다툴 때마다, 책 때문에 나도 모르게 언성이 높아질 때마다 아빠 닭을 떠올려 보세요. 꼬마 닭이 책과 사랑에 빠진 건 아빠 닭의 너그러운 태도 덕분일지도 모릅니다.

책을 읽은 후에는   ○

이야기를 사랑하는 꼬마 닭처럼 우리 아이들도 "한 권만 더!"를 외칠 때가 많습니다. 진짜 이야기가 듣고 싶어서인 경우도 있지만 '잠자기 싫어서' 책 평계를 댈 때도 있지요. 이 책을 읽은 김에 우리만의 베드타임 스토리 규칙을 정해 보세요. 몇 시에 잠자리에 들지, 잠들기 전 책은 몇 권을 읽을지 함께 의논해서 정한다면 늦게 자고 늦게 일어나는 불상사를 미연에 방지할 수 있을 겁니다. 엄마, 아빠가 하루씩 또는 한 주씩 번갈아가며 베드타임 스토리를 진행해 보세요. 지치지 않아야 오래 지속할 수 있답니다.

함께 읽으면 좋은 책

이 책은 세계에서 가장 유명한 이야기들을 글감으로 활용하고 있습니다. 아이가 아직 세계 명작을 접하지 않았다면 이번 기회에 《미운 오리 새끼》나 《피노키오》처럼 유명한 작품부터 읽기 시작해 보세요. 그림 위주의 명작으로 시작해 원문 수준으로 서서히 글밥을 늘려 나가는 게 좋습니다.

베드타임 스토리용으로 제격인 책들은 침대 곁에 두고 밤마다 읽어주세요. 《잘 자요, 달님》(글 마거릿 와이즈 브라운 · 그림 클레먼트 허드 / 시공주니어), 《깊은 밤 부엌에서》(글 · 그림 모리스 샌닥 / 시공주니어), 《앗, 깜깜해》(글 · 그림 존 로코 / 다림)는 밤 분위기와 참 잘 어울리는 책들이랍니다.

❺ 고구마구마

글·그림 사이다
펴낸곳 반달

감칠맛 나는 사투리와 통통 튀는 언어유희가 매력적인 재기발랄한 책입니다. 그림 그리기, 말놀이, 요리하기 등 책을 읽고 할 수 있는 활동도 무궁무진합니다. 아이의 상상력과 창의력을 콕콕 자극하는 그림책. 읽다 보면 달콤한 군고구마가 떠오르는 맛있는 그림책을 여러분께 소개합니다.

책 엿보기 ○

보랏빛 잎들이 풍성한 고구마 밭에서 통통하게 여문 고구마들이 쑥쑥 뽑혀 올라옵니다. 울퉁불퉁 기다란 고구마부터 동글동글 귀여운 고구마, 어마어마하게 커다란 고구마까지. 모양도 크기도 제각각이지만 그래서 모두가 특별한, 세상 하나뿐인 고구마들입니다. 몸이 굽었어도, 험상궂게 생겼어도 서로의 다름을 쿨하게 인정하고 받아주는 고구마들. 그런 고구마들의 모습이 대견하기까지 합니다.

못생겨도 맛 좋은 고구마. 고구마들은 본질에 충실합니다. 어떤 과정을 거쳤든 달콤하게 변신한 고구마들은 저마다 눈부시게 빛납니다. 자기가 뀐 방귀에 쓰러지는 고구마들의 모습은 보고 있는 우리까지 쓰러지게 만들지요.

드라마를 보다 속 터지게 답답할 때 '고구마 같다'고 하지요? 이 책을 읽을 땐 그런 걱정일랑 접어두세요. 사이다처럼 시원한 전개와 빵 터지는 결말로 독자들의 속을 뻥 뚫어 주니까요.

함께 읽을 땐 ○

책장을 한 장 한 장 넘길 때마다 아이와 '운율 맞추기' 놀이를 해보세요.

"이 장면이 가장 재미있구마." "기똥차구마." "먹고 싶구마."

이렇게 말이죠. 아이와 번갈아하며 누가 끝까지 살아남는지 내기해 보세요. 이 책과 함께 나온 작은 책 《고구마유》도 꼭 읽어보세요.

이것만은 놓치지 마세요! ○

《고구마구마》는 단순하고 유쾌합니다. 읽다 보면 깔깔 웃게 되는 재미있는 그림책이지요. 얼핏 보면 가벼운 이야기 같지만 한 꺼풀 껍질을 벗겨보면 그 속에 깊은 의미가 담겨져 있습니다. 볼품없다고 해서 쓸모없는 건 아니라고, 한때 좋지 않았던 것도 훗날 좋은 것으로 변할 수 있다고, 그래서 끝은 끝이 아니라 새로운 시작이라고. 고구마들은 반드시 기억해야 할 삶의 조언들을 온몸으로 우리에게 전달합니다.

아이와 고구마들의 대화를 엿보며 건강한 삶의 태도에 대해 이야기 나눠 보세요. 그리고 우리만의 원칙을 세워 보세요. '어떤 모습이라도 자기 자신을 사랑할 것', '자신의 장점과 개성을 당당하게 드러낼 것', '겉모습보다 본질에 충실할 것', '서로 비교하지 않을 것'. 부모로서 당부하고 싶은 삶의 원칙들이 있다면 이번 기회에 아이들에게 하나씩 알려주세요.

책을 읽은 후에는 ○

독특한 개성을 가진 고구마들의 유쾌한 행진을 보고 있노라면 어느새 자신감이 솟아오릅니다. 한바탕 흥겹게 법석을 떠는 고구마들처럼 오늘은 아이와 함께 '신나는 자기자랑' 시간을 가져보세요. 아주 작은 장점이라도 크게 칭찬해 주시고 자기의 모습 그대로를 사랑할 수 있게 이끌어 주세요. 책을 다시 훑어보며 '있는 그대로의 모습이 가장 아름답다'는 사실을 아이에게 일깨워 주세요.

함께 읽으면 좋은 책 🔖

짧고 굵게, 강력한 한 방을 날리는 책들이 있습니다. 《고구마구마》가 유머에 의미를 더한 달콤한 책이라면 그림책 《모모모모모》(글·그림 밤코 / 향)와 《밥 먹자!》(글·그림 한지선 / 낮은산)는 통통 튀는 아이디어와 군더더기 없는 이미지로 보는 이의 마음을 사로잡습니다.

《모모모모모》는 모가 벼로 자라 쌀이 되기까지 글자 하나로 한 해 농사를 표현한 신통방통한 그림책입니다. 매일 식탁 위에 오르는 하얀 쌀밥이 실은 농부 아저씨가 봄부터 흘린 땀방울이라는 걸, 아이들은 이 책을 통해 오롯이 배울 수 있습니다. 밥풀 하나까지 싹싹 남김없이 먹어야 하는 이유도 이 책에 알토란처럼 담겨 있답니다.

쨍한 여름 날, 시골 장터의 풍경을 그려낸 《밥 먹자!》는 원색의 강렬함에 넋을 읽게 되는 작품입니다. 아낌없이 넣어 푸짐하게 뒤섞은 비빔밥 한 그릇은 화려한 색채로 눈과 입을 동시에 자극합니다. 맛깔나게 매운 빨간 고추장, 아삭아삭 씹히는 초록 푸성귀, 진한 향이 퍼지는 노란 참기름. 책장을 넘길 때마다 침도 꿀꺽 넘어가는, 그야말로 '먹방 그림책'의 탄생입니다.

《뭐든 될 수 있어》
기상천외 번외편 만들기

손 안에 들어오는 앙증맞은 크기에 깜찍한 표지가 매력적인 《뭐든 될 수 있어》. 재미있게 읽었다면 나리의 상상력을 뛰어넘을, 기상천외한 번외편을 만들어보세요. 이름하여 '뭐든 할 수 있어' 책 만들기 활동입니다. 아이가 부담없이 활동할 수 있도록 쓰기, 오리기 등은 부모님께서 적극 도와주세요!

 준비물 도화지(또는 A4용지), 그리기 도구

 만드는 과정

1 도화지를 접어 미니북을 만들어요. 작은 종이 여러 장을 풀로 붙여 책처럼 만들어도 좋습니다.

2 표지에 제목을 쓰세요. 표지 뒷장엔 작가(아이 이름)와 발행일(만든 날짜)을 써 주세요.

3 내가 미래에 되고 싶은 모습, 살고 싶은 집, 여행가고 싶은 곳 등을 각 장마다 자유롭게 그리고 써 보세요. 잡지 또는 신문 사진을 오려 붙여도 좋습니다.

   ex) '단짝 친구랑 무인도에서 캠핑하기', '달나라로 가족 여행 떠나기', '나만의 나라 만들기'처럼 불가능한 상상을 하나씩 더하면 더욱 재미있답니다.

4 아이가 만든 책을 책장에 꽂아주세요. 진짜 책들과 나란히 말이죠.

5 이따금씩 아이가 만든 책을 함께 읽어보세요. 하나씩 하고 싶은 일들을 추가하면서 '개정 증보판'을 만드는 것도 잊지 마세요.

2월

지식 쏙쏙! 생각 쑥쑥!

고품격 새해를 위한 '똑똑한' 책 모음

우리 아이들, 1월 한 달간 책과 많이 친해졌나요? 재미있는 책들과 신나게 즐겼다면 이번 달엔 배경지식이 쌓이는 똑똑한 책들과 유익한 시간을 가져보세요.

여전히 춥지만 봄의 길목으로 접어들었습니다. 한껏 움츠리고 있던 동식물도 깨어날 준비를 하는 시기이지요. 아이 손잡고 동네 한 바퀴를 돌며 곳곳에 숨어든 봄을 찾아보세요.

2월엔 민족 최대 명절인 설이 우리를 기다리고 있습니다. 설빔을 입는 기쁨, 어른들께 절하고 받는 세뱃돈은 아이들에게 빼놓을 수 없는 즐거움입니다. 이번 설에는 아이들과 함께 떡국을 끓여 보세요. 삶은 고기를 찢고 가래떡을 썰며 한 살 더 먹는 기분을 온몸으로 느껴 보도록요. 음식에 담긴 의미를 알고 나면 아이들도 의젓하게 떡국 한 그릇을 뚝딱 비워낼 거랍니다.

한 해의 첫 보름달이 뜨는 정월대보름도 빼놓을 수 없겠지요? 부럼 깨고 더위 팔며 옛날부터 이어져 온 세시풍속을 놀이처럼 즐겨보세요. 명절의 의미와 전통의 가치를 알려줄 지식그림책을 읽으면 일 년에 한 번뿐인 특별한 날을 더욱 뜻 깊게 보낼 수 있답니다.

경험이 지식이 되는 체험형 독후 활동은 책 읽는 아이들을 위한 맛있는 보너스입니다. 책과 함께 자라는 아이들이 되길 바라며, 2월의 독서 달력 시작합니다.

2월

일요일	월요일	화요일	수요일	목요일	금요일	토요일
	1	2	3 입춘	4	5	6
7	8	9	10	11	12 설날	13
14	15	16	17	18 우수	19	20
21	22	23	24	25	26 정월대보름	27
28						

① 아빠하고 나하고 봄나들이 가요

글·그림　양상용
펴낸곳　보리

날씨는 여전히 춥지만 봄이 시작됐습니다. 24절기 중 첫 번째인 '입춘'이 계절의 변화를 알립니다. 말 그대로 봄의 입구에 접어든 것이지요. 봄에 대한 책을 읽으며 서서히 깨어나는 생명의 움직임을 관찰해 보세요.

책 엿보기 ○

　연두가 사는 마을은 강물과 바닷물이 만나는 곳에 있습니다. 지천에 널린 식물들도, 물속에 사는 물고기들도 봄을 맞아 분주히 몸을 바꾸기 시작합니다. 냉이 캐러 길을 나섰던 아빠와 연두는 꽃망울을 터뜨린 버들강아지, 먹이를 찾는 들쥐, 파릇파릇 움튼 봄나물들을 만나며 봄기운을 만끽합니다.

　어느 날엔 연두와 아빠가 강가에서 물고기를 잡습니다. 강 둘레에도 여기저기 분홍빛, 노란빛, 하얀빛 꽃들이 피어 있습니다. 물고기가 잡히길 기다리는 동안 연두는 강가에 핀 식물들을 이리저리 살핍니다. 아빠의 그물에 잡힌 각시붕어, 납자루, 흰줄납줄개는 전부 조개에 알을 낳는답니다. 강가 풀숲에는 고라니와 너구리, 어치와 딱새도 살고 있습니다.

　날이 제법 따뜻해지면 파릇파릇하던 새싹은 진한 초록빛으로 들판을 물들입니다. 노랑나비, 흰나비들도 팔랑팔랑 날아다니기 시작하지요. 연두와 아빠의 봄나들이 길, 우리는 그간 알지 못했던 많은 생명들을 만나고 배웁니다.

함께 읽을 땐 ○

봄처럼 따뜻한 정서가 묻어나는 세밀화 작품입니다. 아빠와 연두의 대화를 들으며 아이들은 자연스레 봄에 만날 수 있는 동식물에 대해 배웁니다. 그림을 찬찬히 살펴보며 우리에게 친숙한 자연물을 찾아보세요. 더 알고 싶은 동식물이 있다면 이야기 뒤편에 수록된 '봄에 만난 동식물' 목록을 참고하세요.

이것만은 놓치지 마세요! ○

이 책은 실사로 구성된 자연관찰책과는 다릅니다. 화가인 아빠가 딸과 함께 직접 보고 경험한 자연을 그림으로 담았기 때문입니다. 책 중간중간엔 연두가 그린 작품도 나옵니다. 책의 주인공들처럼 아이와 함께 좋아하는 꽃이나 동물을 정성 들여 그려 보세요. 정밀한 그림을 그리기까지 얼마나 오랜 시간 대상을 들여다보며 관찰했을지 떠올리면서요.

현란한 미디어에서 잠시나마 눈을 떼고 자연과 마주하는 시간을 가져보세요. 자연을 벗 삼아 노는 것만큼 아이들의 정서를 풍요롭게 해주는 것은 없답니다.

책을 읽은 후에는 ○

아이와 함께 소풍 계획을 세워보세요. 식물원이나 농원처럼 봄에 피는 식물들을 직접 볼 수 있는 곳이라면 더욱 좋겠지요. 아이와 시장에 나가 봄나물을 사보는 것도 즐거운 경험이 될 수 있습니다. 봄에만 나는 특별한 재료들로 함께 음식을 만들어 본다면 더욱 기억에 남는 추억이 되겠지요? 달래, 냉이, 쑥처럼 아이들에겐 낯선 식재료들도 직접 요리해 먹게 하면 꿀떡꿀떡 잘 먹는답니다.

아이 손을 잡고 산책겸 도서관에 다녀오세요. 보물찾기 하듯 책에서 만난 동식물들을 자연관찰 책장에서 하나씩 찾아보세요. 나비, 개구리, 벚꽃 등 책을 하나씩 찾아 읽으면 그 재미가 두 배로 늘어난답니다.

함께 읽으면 좋은 책

이 책은 '우리 마을 자연 관찰' 시리즈 중 한 권입니다. 계절의 흐름에 따라《아빠하고 나하고 반딧불이 보러 가요》《아빠하고 나하고 메뚜기 잡으러 가요》《아빠하고 나하고 얼음 썰매 타러 가요》를 차례대로 읽어보세요. 책이 추천하는 대로 봄엔 가까운 산이나 들로 나들이를 떠나고, 여름엔 곤충 채집을 하며 자연을 만끽해 보세요. 그렇게 가을이 가고 겨울이 되면 책과 함께 한 뼘 더 자라 있는 우리 아이들을 만나게 될 거랍니다.

유아들에겐《수잔네의 봄》(글·그림 로트라우트 수잔네 베르너 지음 / 보림)을 추천합니다. 무려 4미터까지 늘어나는 글자 없는 그림책입니다. 아이 앞에서 마술처럼 책을 펼치고 또 펼치면 조그맣던 눈이 동그랗게 커진답니다. 책에는 독일 마을의 따뜻한 봄 풍경과 각양각색의 사람들이 유머러스하게 그려져 있습니다. 마을 사람들의 표정과 행동을 살피며 아이와 함께 이야기를 지어 보세요. 우리 아이들의 관찰력과 상상력이 쑥쑥 자라날 거랍니다. 이 책도 사계절 시리즈입니다. 계절별로 모두 펼쳐 하나로 이으면 멋진 장관이 연출된답니다.

❷ 우리 첫 명절 설날 일기

글   김미애
그림   정현지
펴낸 곳   위즈덤하우스

"까치 까치 설날은 어저께고요. 우리 우리 설날은 오늘이래요."
우리 아이들도 이 노래를 부르며 설날 아침을 맞겠지요? 어릴 적 우리가 그랬던 것처럼요.
이번 설에는 맛있는 음식과 함께 명절과 전통 풍습에 대해 배울 수 있는 책들도 준비해 보세
요. 정성스럽게 마련한 음식들로 설날 차례상이 풍성해지듯 책 읽는 우리 아이들의 마음도
지식으로 풍성해질 거랍니다.

책 엿보기   ○

《우리 첫 명절 설날 일기》는 설날의 A to Z를 모두 담은 지식정보 그림책입니다. 명절의
의미부터 설과 관련된 다양한 풍습까지 아이들이 이해하기 쉽게 설명해 주고 있지요. 세
화나 세장, 세찬처럼 낯선 어휘들도 재미있는 이야기와 그림을 따라 읽다 보면 어렵지 않
게 익힐 수 있습니다. 복을 부르는 복조리, 어른들께 올리는 세배 등 아이들에게 익숙한 내
용도 빠짐없이 짚어 줍니다. 책 말미엔 우리나라 대표 명절과 풍습이 일목요연하게 정리
돼 있답니다.

함께 읽을 땐 ○

이야기는 단순하지만 함께 등장하는 개념이나 용어는 아이들에게 다소 어려울 수 있습니다. 여느 그림책을 읽듯 휙휙 넘기지 마시고 천천히 이해할 수 있게 설명을 덧붙여 주세요. 글밥이 적지 않습니다. 아이가 어려워하거나 지루해한다면 특정 부분만 발췌해서 읽어보세요. 설날에 먹는 음식, 온 가족이 함께하는 명절 놀이처럼 흥미로운 부분부터 소개해 주셔도 좋습니다. 한 번에 읽어도 재미있지만 명절 전 여러 날에 걸쳐 두세 장씩 나눠 읽는 것도 좋은 방법입니다.

이것만은 놓치지 마세요! ○

책 속엔 아이들이 곱게 한복을 차려 입고 어른들께 세배 드리는 장면이 나옵니다. "올해도 쑥쑥 자라고 더 건강하라"는 할머니 말씀처럼 좋은 기운을 듬뿍 담아 아이에게 덕담을 해주세요.

설날에는 차례상 차리기, 성묘 가기처럼 아이가 참여할 수 있는 일들이 적지 않습니다. 책에서 익힌 내용을 직접 보고 경험할 수 있도록 준비 단계부터 아이도 동참시켜 주세요. 명절 놀이에 대해 읽은 뒤엔 연날리기나 윷놀이를 함께해 보세요. 책을 열심히 읽은 아이에겐 꿀처럼 달콤한 보상이 될 거랍니다.

책을 읽은 후에는 ○

설날에 받은 세뱃돈을 아이와 함께 세어 보세요. 천 원, 오천 원, 만 원 단위의 돈을 세다 보면 자연스레 큰 수 개념을 익힐 수 있답니다. 받은 돈을 어떻게 사용할지도 의논해 보세요. 저축할 돈과 쓸 돈을 구분하고 계획적으로 사용하는 방법을 알려주세요. 은행에서 아이 이름으로 된 통장을 개설해 보는 것도 의미 있는 활동이 될 수 있습니다. 통장에 차곡차곡 돈을 모으다 보면 자연스럽게 저축하는 습관이 길러질 것입니다.

함께 읽으면 좋은 책

온 가족이 한자리에 모이는 명절은 아이에게 촌수와 호칭에 대해 알려줄 수 있는 좋은 기회입니다. 집안 어른들께 인사드리기 전 《촌수 박사 달찬이》(글 유타루 · 그림 송효정 / 비룡소)나 《할아버지와 나는 일촌이래요》(글 한별이 · 그림 김창희 / 키위북스)와 같은 책을 읽어보세요. 책에 소개된 '야광귀' 이야기가 재미있었다면 그림책 《야광귀신》(글 이춘희 · 그림 한병호 / 사파리)을 읽어보세요. 전래동화를 좋아하는 아이라면 재미있게 읽을 거랍니다.

❸ 떡국의 마음

글 천미진
그림 강은옥
펴낸곳 발견

《우리 첫 명절 설날 일기》잘 읽으셨나요? 이번엔 설 대표 음식 떡국에 대한 그림책을 읽어 보세요. 설날 아침 온 가족이 둘러앉아 먹는 떡국에는 부모님의 정성과 사랑이 가득 담겨 있답니다. 떡국은 사실 평범한 음식이 아닙니다. 아이의 건강과 행복을 비는 부모님의 마음입니다.

책 엿보기 ○

김이 모락모락 나는 떡국이 하얀 대접에 소담하게 담겨 있습니다. 정성 들여 떡국을 끓여냈을 투박한 두 손이 우리 몫이라는 듯 친절하게 한 그릇을 권합니다. 표지부터 독자의 마음을 사로잡는 따뜻한 그림책이지요.

책장을 넘기면 떡국에 들어가는 재료들이 하나씩 등장합니다. 죽 늘어나는 가래떡은 아이가 오래도록 건강하게 살기를 바라는 마음이고요. 천천히 끓여낸 진한 육수는 아이가 만날 세상이 따뜻하고 푸근하길 바라는 마음입니다.

자유롭게 꿈꾸길 바라는 마음으로 달걀을 깨고, 어디서나 귀한 대접 받길 바라며 고기를 찢는 두 손. 분주하게 준비한 떡국 한 그릇엔 아이의 복을 비는 부모의 기도가 오롯이 담겨 있습니다. 푸짐한 떡국 한 그릇을 다 비운 것처럼 마음이 넉넉해지는 그림책입니다.

함께 읽을 땐   ○

　이 책은 아이들에게 떡국이 완성되는 모습을 찬찬히 보여줍니다. 그리고 알려줍니다. 떡국이 맛있는 이유는 부모님의 사랑이 듬뿍 담겨 있기 때문이라고요. 아이와 함께 책을 읽으며 떡국 속 재료에 담긴 의미를 하나씩 짚어 보세요. 그리고 엄마 아빠도 늘 네가 건강하고 행복하길 기도한다고 말해 주세요. 서로에게 힘이 되는 덕담을 나누며 올 한 해 이루고 싶은 목표와 다짐들을 다시 한 번 떠올려 보세요.

이것만은 놓치지 마세요!   ○

　보기에도 먹음직스러운 이 떡국을 과연 누가 끓였을까요? 재료를 다듬는 분주한 손들 사이로 주인공의 뒷모습이 살짝 엿보입니다. 누가 이 떡국을 끓였을지, 완성된 떡국은 누가 다 먹었을지 아이와 함께 이야기 나눠 보세요. 엉뚱한 상상을 덧붙이면 대화가 더 재미있어진답니다.

책을 읽은 후에는   ○

　연휴를 활용해 아이와 함께 떡국을 끓여 보세요. 재료 손질부터 식탁 차리기까지 아이가 직접 해볼 수 있게 도와주세요. 조금 서툴러도 의젓하게 잘해낼 거랍니다.(떡국 끓이는 법은 '오감만족 맛있는 독후 활동'을 참고해 주세요.)

함께 읽으면 좋은 책 🔖

　제철을 맞아 연중 최고로 맛있는 딸기도 책으로 만나 보세요.《이 세상 최고의 딸기》(글

하야시 기린 · 그림 쇼노 나오코 / 길벗스쿨)는 그림도, 이야기도 너무나 사랑스러운 그림책입니다. 삶의 통찰이 담긴 메시지도 향기롭게 배어 있지요. 책을 읽고 나면 더 많이 갖는 것이 더 큰 행복을 의미하는 건 아니라는 걸 우리 아이들도 자연스레 깨닫게 될 것입니다. 떡국 먹은 날 디저트처럼 이 그림책을 읽어보는 건 어떨까요?

❹ 진정한 일곱 살

글　　허은미
그림　　오정택
펴낸 곳　　만만한책방

아이가 한 말을 듣고 깜짝 놀랄 때가 있습니다. '대체 어디서 저런 말을 배웠을까?', '뜻은 알고 쓰는 걸까?' 궁금해지는 말들이 적지 않지요. 이 책은 작가가 '진정한'이란 단어를 입에 달고 사는 딸을 보며 쓴 이야기라고 합니다. 우리가 간과해서 그렇지 사실 아이들은 '인생의 진정한 의미'에 대해 끊임없이 묻고 답하는 꼬마 철학자들이랍니다.

책 엿보기 ○

'진정한'과 '일곱 살'의 만남. 전혀 어울릴 것 같지 않은 단어의 조합이 웃음을 유발하는 책입니다. 기상천외한 말썽들로 부모님 속을 태울 것 같은 주인공의 모습도 깜찍하기 그지없지요. 표지만 보면 유쾌한 이야기가 속도감 있게 전개될 것 같습니다. 하지만 예상과 달리 이야기는 사뭇 진지하게 흘러갑니다. 보시다시피 우리의 주인공은 그냥 일곱 살이 아닌 '진정한 일곱 살'이니까요.

진정한 일곱 살이 되려면 까다로운 관문을 통과해야 합니다. 앞니 하나쯤은 빠져야 하고, 음식도 가리지 않고 골고루 먹어야 합니다. 진정한 일곱 살은 스피노사우르스가 어떤 공룡인지 알아야 하고요.(공룡에 대한 해박한 지식은 필수!) 애완동물을 외롭지 않게 잘 돌봐줘야 합니다.(생명에 대한 남다른 책임 의식도 필요하달까요.) 또 진정한 일곱 살은 동생에게 (울며 겨자 먹기로) 양보도 할 줄 알아야 하고요. (예방 주사도 겁내지 않는) 용기도 있어야 합니다.

주인공의 말에 귀를 기울이다 보면 우리 아이들이 참 대단한 일을 하고 있다는 걸 깨닫게 됩니다. 진정한 어른이 되기 위해 매일 고군분투하고 있으니까요. 모든 아이들에게 용기와 힘을 불어넣어 줄 고마운 책이랍니다.

함께 읽을 땐 ○

우리 아이들도 저마다 부모의 기대에 부응하기 위해, 더 멋진 내가 되기 위해 무던히 애쓰고 있을 겁니다. 아이가 노력했던 순간들을 떠올리며 듬뿍 칭찬해 주세요. 엄마 아빠의 칭찬만큼 아이를 행복하게 하는 것은 없으니까요.

이것만은 놓치지 마세요! ○

"일곱 살이나 돼서 동생한테 양보도 못하니?"

"이제 여섯 살이 됐으니 친구들과 잘 어울려 놀아야지."

평소 무심결에 아이에게 이런 말을 하시진 않나요? 저는 이 책을 읽으며 속으로 많이 반성했답니다. 아이들도 저마다의 기준과 생각이 있다는 걸 책을 읽고 나서야 깨달았거든요.

알고 보면 '좋아하는 장난감을 사주지 않아도 삐치지 않고' '오줌 싼 친구를 알아도 다른 아이에게 말하지 않는' 의젓한 아이들인데, 지금껏 어른의 관점으로만 아이를 평가했던 건 아닌지 뒤돌아보는 계기가 되었답니다.

일곱 살은 자기주장과 생각이 강해지는 시기입니다. 뚜렷한 주관을 가진, 자존감 강한 아이로 성장할 수 있도록 아이의 의견을 존중해 주세요.

책을 읽은 후에는 ○

아이와 함께 '진정한 ○○살'에 대해 이야기 나눠 보세요. 아이들에게도 어른이 모르는 고충이 있다는 걸 충분히 공감해 주세요. 반대로 어른들에게도 말 못할 어려움과 아픔이 있다는 걸 아이 눈높이에 맞춰 설명해 주세요. 서로가 각자의 위치에서 최선을 다하고 있다는 걸 알고 나면 가족 간의 오해와 다툼이 줄어들 거랍니다.

함께 읽으면 좋은 책 🔖

아이의 생각과 마음을 더 들여다보고 싶다면《아홉 살 마음 사전》(글 박성우·그림 김효은 / 창비)을 읽어보세요. 부모님께도, 아이에게도 공감과 이해의 폭을 넓혀주는 길잡이 같은 책이랍니다.

아이들은 감정 표현에 서툽니다. 자기 마음속에 들어 있는 감정이 무엇인지 정확히 배울 기회가 많지 않았기 때문이지요. 그저 '기쁘다', '슬프다'로 표현하기에 우리 마음은 그리 간단치 않습니다. 아이가 악을 쓰며 울고 있다면 빨리 달래려고 하기보다 먼저 물어봐 주세요. 억울하게 혼나서 속이 상한 건지, 자기 마음을 몰라주는 엄마가 야속한 건지, 아니면 다른 누군가의 행동 때문에 분하고 화가 난 건지. 구체적으로 물어봐 줄수록 아이도 자신의 감정을 이해하기 쉽습니다.

마음을 정확히 들여다보고 나면 어떻게 행동해야 할지 보다 분명해집니다. 아이가 자기 감정을 제대로 들여다보고 이해할 수 있도록 마음 사전을 곁에 두고 자주 들춰 보세요.

⑤ 누렁이의 정월 대보름

글	김미혜
그림	김홍모
펴낸 곳	비룡소

정월 대보름은 한 해의 첫 보름달이 뜨는 날입니다. 농사를 짓던 우리 조상들은 휘영청 밝은 보름달을 바라보며 풍년과 가족의 건강을 기원했습니다. 다채로운 행사와 놀이, 건강한 음식으로 가득한 축제의 날. 귀여운 누렁이의 안내를 받으며 제대로 한 번 즐겨 볼까요?

책 엿보기 ○

정월 대보름날 누렁이만큼 속상한 존재는 없을 겁니다. 보름날 개가 밥을 먹으면 여름에 파리가 끓는다는 속설 때문에 하루 종일 쫄쫄 굶어야 하니까요. 호두, 밤처럼 딱딱한 열매를 깨물어야 일 년 내내 부스럼이 나지 않는다는데, 누렁이는 땅콩 한쪽이라도 얻어먹고 싶은 심정입니다. 그뿐인가요. 귀가 밝아진다는 귀밝이술, 쫀득한 오곡밥, 기름에 달달 볶은 나물까지 보기만 해도 군침이 도는 대보름 음식도 누렁이에겐 그림의 떡일 뿐입니다.

그래도 신명나는 놀이가 있어 시간은 금세 지나갑니다. 눈치 게임의 원조 격인 더위팔기, 신명나는 축원의 한마당 지신밟기, 이때가 아니면 꿈도 못 꾸는 쥐불놀이까지. 하루 종일 신나게 놀다 보면 어느새 해가 떨어집니다. 두둥실 떠오른 보름달을 보며 새해 소원을 비는 달맞이는 보기만 해도 가슴이 설렙니다. 깜깜한 밤 달집태우기까지 마치고 나면 흥겨웠던 하루가 끝이 납니다. 선조들의 지혜와 정겨운 이웃의 삶을 동시에 엿볼 수 있는 책. 꼭 한 번 읽어보세요.

함께 읽을 땐 ○

미리 호두, 땅콩, 잣 등을 준비한 뒤 책을 읽으며 부럼을 깨물어 보세요. 이야기를 읽으며 먹고 싶은 대보름 음식과 해보고 싶은 놀이에 대해 이야기 나눠 보세요. 아이와 함께 더위팔기 놀이를 해도 재미있겠지요?

이것만은 놓치지 마세요! ○

책 속엔 제웅치기, 다리밟기, 소 목에 새끼줄 걸기 같은 대보름 풍습이 나와 있습니다. 이야기 끝에 정월 대보름 관련 정보가 잘 정리돼 있으니 잊지 말고 꼭 읽어보세요.

책을 읽은 후에는 ○

정월 대보름 풍습들은 농경 사회와 밀접한 관련이 있습니다. 그래서 최근엔 지신밟기, 달집태우기 같은 행사를 직접 보고 경험할 기회가 드물지요. 책을 읽고 관련 다큐멘터리를 찾아보세요. 조상들의 삶과 지혜를 엿볼 수 있는 다채로운 풍습들을 실감나는 영상으로 확인하고 나면 전통 문화를 이해하는 데 도움이 된답니다.

함께 읽으면 좋은 책

지식과 정보를 잘 버무린 그림책은 배경지식을 쌓는 데 효과적입니다. 정월 대보름의 다양한 풍경을 담은 《내 더위 사려!》(글 박수현·그림 권문희 / 책읽는곰)도 함께 읽어보세요!

오감만족 맛있는
독후 활동

보글보글 떡국 끓이기

한 그릇 먹으면 한 살 더 먹는다는 새하얀 떡국. 《떡국의 마음》을 요리책 삼아 영양 만점 맛있는 떡국을 끓여 보세요. 오감을 자극하는 요리 놀이는 독후 활동으로 손색이 없답니다.

재료 가래떡, 달걀 2개, 삶은 소고기와 육수, 김 가루, 대파 1/2개, 소금·후추 약간

준비물 빵칼, 도마, 쿠키 커터, 거품기

> ※ 오늘의 요리사는 아이입니다. 부모님은 곁에서 보조 요리사 역할을 해주세요.
> ※ 삶은 고기와 육수는 활동 전 미리 준비해 주세요.
> ※ 지단 부치기나 육수 끓이기처럼 불과 기름을 사용하는 과정은 부모님께서 대신해 주세요.

만드는 과정

1 빵칼로 가래떡과 대파를 일정한 크기로 썰어 준비해 둡니다. 만약 아이가 마음대로 썰고 싶어 한다면 일정량을 주고 자유롭게 썰도록 해주세요. 떡을 써는 동안 한석봉과 어머니의 이야기를 들려주는 것도 좋겠지요?

2 달걀 흰자와 노른자를 분리한 뒤 거품기로 잘 저어 줍니다. 달걀 색이 예쁘게 나오도록 약한 불에서 지단을 부쳐주세요.

3 지단이 식을 동안 삶은 고기를 결대로 찢어 준비합니다.

4 한 김 식힌 지단을 도마 위에 올려 여러 가지 모양의 쿠키 커터로 오려냅니다. 오리, 곰, 자동차 모양 지단을 떡국 위에 올리면 먹는 재미가 배가된답니다.

5 육수에 떡과 고기를 넣고 끓인 뒤 소금과 후추로 간을 합니다.

6 떡국을 대접에 예쁘게 담아낸 뒤 지단과 김 가루, 대파를 고명으로 올려주세요.

7 완성된 떡국을 온 가족이 함께 맛있게 나눠 드세요. 아이에게 듬뿍 칭찬을 해주시면서요.

3월

씩씩하게, 당당하게, 자신 있게!

의지가 불끈 솟는 '용기 가득' 책 모음

3월 신학기가 시작됐습니다. 유치원이나 학교에 입학한 아이들은 설렘 반, 긴장 반으로 정신없는 한 달을 보내겠지요. 새로운 환경에 적응하는 일이 쉽지 않겠지만 부모님의 응원과 격려가 있다면 우리 아이들 모두 무탈히 잘 해낼 것입니다.

이번 달엔 아이와 함께 배움에 관한 책을 읽어보세요. 이야기 속 등장인물과 자신을 동일시하며 아이는 책과 자신의 삶을 연결지어 볼 겁니다. 나만 어려운 게 아니라는 안도감은 다시 도전할 용기를 줄 것이고요. 틀려도 괜찮다는 따뜻한 한 마디는 배움을 즐겁게 만들어 줄 것입니다. 아이는 또래의 시행착오를 통해 진짜 중요한 건 자신감이란 걸 자연스레 깨닫게 되겠지요.

새로운 걸 배우고 익힌다는 건 엄청난 노력과 시간이 소요되는 일입니다. "이제 겨우 한 번 해봤을 뿐이야!" "다음엔 더 잘할 수 있을 거야!" "첫 발을 뗀 네가 자랑스러워!" 긍정의 힘이 가득 담긴 말들로 아이에게 용기를 북돋아 주세요.

이번 달 독서를 통해 우리 아이들은 또 한 번 배우고 성장할 겁니다. 부모님은 아이들 덕에 기다림의 미학을 배우게 되겠지요. 이달의 마지막 날, 우리는 '실패 없는 성공은 없다'는 위대한 진리에 도달해 있을지도 모릅니다.

3월

일요일	월요일	화요일	수요일	목요일	금요일	토요일
	1 삼일절	2	3	4	5 경칩	6
7	8	9	10	11	12	13
14	15	16	17	18	19	20 춘분
21	22	23	24	25	26	27
28	29	30	31			

씩씩하게, 당당하게, 자신 있게! 의지가 불끈 솟는 '용기 가득' 책 모음

3월 1일 + 궁금해요, 유관순

3월 9일 + 박성우 시인의 첫말 잇기 동시집 / 단어수집가

3월 18일 + 아름다운 실수 / 수학에 빠진 아이

3월 22일 + 말하면 힘이 세지는 말 / 문어 목욕탕

3월 27일 + 넌 (안) 작아 / 나쁜 어린이표

❶ 태극기 다는 날

글　　김용란
그림　　강지영
펴낸 곳　한솔수북

3월의 첫날, 삼일절입니다. 세계만방에 우리 민족의 독립 의지를 알린 역사적인 날이지요. 이날을 기념하기 위해 며칠 전부터 태극기는 힘차게 펄럭이고 있습니다. 우리나라와 민족의 상징 태극기. 아이와 함께 태극기의 유래와 뜻을 알아보며 삼일절의 의미를 되새겨 보는 건 어떨까요?

책 엿보기 ○

　태극기를 어떻게 그리는지, 태극기엔 어떤 의미와 정신이 담겨 있는지 정확히 알고 싶다면 이 책을 읽어보세요. 태극기를 왜 태극기라고 부르는지, 태극기에 쓰인 색들엔 어떤 의미가 있는지 그림과 함께 상세히 설명해 준답니다. 그야말로 태극기의 모든 것을 알려주는 똑 소리 나는 지식 그림책이랍니다.

　처음 그려진 태극기부터 현재의 모습에 이르기까지 태극기의 변천사도 한 눈에 살펴볼 수 있습니다. 혼동하기 쉬운 태극기 게양법과 태극기 다는 날도 정확히 짚어 주지요. 이야기 끝에선 다양한 모양의 태극기를 통해 우리나라의 역사를 훑어볼 수 있습니다. 태극기 그리는 법도 물론 담겨 있지요. 국경일이나 기념일마다 꺼내 보면 도움이 될 알찬 그림책입니다.

함께 읽을 땐   ○

　부채나 컵처럼 태극무늬를 활용한 물건들을 찾아보세요. 집안 곳곳을 돌아다니며 태극무늬 찾기 놀이를 해도 좋습니다. 아이가 잘 모르는 국경일이나 기념일이 있다면 달력을 찾아보며 더 자세히 설명해 주세요. 책을 읽으며 삼일절의 역사적 의미도 다시 한 번 짚어 주세요. 일제 강점기였던 1919년, 우리 민족이 태극기를 흔들며 "대한독립 만세!"를 외쳤던 날이란 걸 아이들에게 꼭 알려주세요.

이것만은 놓치지 마세요!   ○

　태극기 중앙의 태극무늬와 사방 모서리에 그려진 괘는 어른도 헷갈리기 쉽습니다. 아이와 함께 책을 읽으며 손가락으로 여러 번 따라 그려 보세요.

책을 읽은 후에는   ○

　태극기 그리는 법을 참고해 아이와 함께 태극기를 그려 보세요. 민족의 독립 의지가 전국 방방곡곡에 울려 퍼졌던 그날처럼 직접 그린 태극기를 들고 "대한독립 만세!"를 외쳐 보세요. 자랑스러운 대한민국의 국민으로서 나라를 위해, 내가 속한 사회를 위해 무엇을 할 수 있을지 이야기해 보는 것도 좋을 겁니다.

　초등학생이라면 현장에서 직접 보고 배우는 '삼일절 체험 학습'을 떠나 보세요. 충남 천안 독립기념관, 서울 대한민국역사박물관, 서대문형무소 등에 가면 우리 선조들의 뜨거웠던 독립 의지를 오롯이 느낄 수 있답니다.

함께 읽으면 좋은 책

삼일절하면 떠오르는 인물이 있습니다. 바로 유관순 열사이지요. 아이와 함께 《궁금해요, 유관순》(글 안선모·그림 한용욱 / 풀빛)을 읽으며 유관순 열사의 숭고한 희생정신과 나라의 소중함을 일깨워 주세요. 독립이라는 위대한 결실을 맺기까지 어린 학생들의 눈물겨운 투지와 노력이 있었다는 점도 꼭 일러 주세요.

② 모두에게 배웠어

글·그림　고미 타로
옮긴이　　김소연
펴낸 곳　천개의바람

우리 아이들에게 가장 좋은 선생님은 누구일까요? 누군가는 자연이라 말하고, 다른 누군가는 책이라고 말합니다. 이 그림책은 현명하게도 '모두'라고 답합니다. 값비싼 전집, 소문난 학원이 아니더라도 우리 아이들은 매일 스스로 배우고 성장하니까요. 모두에게 배우면서 말이지요.

책 엿보기　○

　밝은 표정의 소녀가 걸어옵니다. 소녀는 길가다 마주친 고양이에게 걷는 법을 배웁니다. 울타리를 뛰어넘는 강아지를 보고는 장애물을 넘어서는 법을 배우지요. 나무 타기는 원숭이에게 배우고요. 멋있게 달리는 건 말에게 배웁니다. 물론 나쁜 녀석을 물리치는 법도 배웁니다. 가슴을 무섭게 내리치는 고릴라에게서 말이지요. 소녀는 깜깜한 밤도 무섭지 않습니다. 밤에 대해 알려주는 올빼미가 있으니까요.

　세상에서 많은 것을 배운 소녀는 홀로 앉아 생각합니다. '나는 원래부터 생각하고 배우는 걸 좋아하는 아이인 데다 친구들도 이렇게 많으니까 아무래도 훌륭한 사람이 될 것 같아'라고요. 소녀의 생각이 참 대견하고 기특하지요?

　소녀는 새로운 대상을 만날 때마다 삶에서 필요한 기술을 터득합니다. 자신을 둘러싼 환경과 사물에 호기심을 갖고 관심을 기울인 덕분이지요. 관심은 관찰의 원동력이 됩니다.

아주 작은 것이라도 유심히 살펴보고 골똘히 생각하면 그것의 특징과 장점을 파악할 수 있게 되지요. 모두에게 배울점이 있다고 생각하는 소녀의 열린 마음과 왕성한 호기심. 이런 삶의 태도야말로 우리 모두가 배워야 하지 않을까요?

함께 읽을 땐   ○

아이와 함께 책을 읽으며 또 다른 배울 점들을 찾아보세요. 소녀가 닭에게 기분 좋게 산책하는 법을 배웠다면 "나는 닭에게서 다른 사람에게 도움이 되는 법을 배웠어"라고 말해 보는 거지요. 새로운 관점에서 책을 읽으면 색다른 묘미를 느낄 수 있답니다.

부모님께서 먼저 시범을 보이고 아이에게 질문해 주세요. 처음엔 머뭇거리던 아이도 여러 번 반복하다 보면 재미있는 생각을 쏟아내기 시작할 것입니다. 책에 등장하지 않는 다른 동물들에게선 또 어떤 점을 배울 수 있는지 함께 생각해 보세요.

자칫 무섭고 거칠어 보이는 고릴라에게도 본받을 점은 있습니다. 평소 아이가 부정적으로 생각하고 있는 대상이 있다면 거꾸로 그것으로부터 어떤 점을 배울 수 있을지 생각해 보도록 유도해 주세요. 한쪽 면만 보고 성급하게 판단했던 것은 아닌지, 선입견 때문에 오해하고 있었던 건 아닌지 뒤돌아보는 시간을 가져봐도 좋겠지요?

이것만은 놓치지 마세요!   ○

배움은 학교나 학원에서만 이뤄지는 것이 아닙니다. 교과서, 참고서 속에 한정돼 있는 것도 아니지요. 소녀처럼 친구와 장난을 치면서도 뭔가를 배울 수 있다는 걸 깨닫고 나면 배움은 스트레스를 유발하는 '학습'이 아닌 즐거운 '놀이'로 다가올 것입니다.

이 책을 읽으며 경험하고 느끼는 모든 순간들이 다 배움의 과정이란 걸 아이들에게 일깨워 주세요. 아이 스스로 발견하고 찾아낸 것들, 혼자 해냈던 순간들을 떠올리며 듬뿍 칭찬해 주세요. 어른들 눈엔 쓸데없는 것처럼 보이는 행동에도 배울 점이 있다는 사실을 부모님들도 잊지 마세요.

책을 읽은 후에는 ○

학교에서 1등을 해야만 성공하는 시대는 지났습니다. 성적에 따라 직업이 판가름 나는 시대도 아닙니다. 책을 읽고 나서 아이들에게 물어봐 주세요. 무엇을 배우고 싶은지, 그래서 어떤 사람이 되고 싶은지를요. 부모님이 원하는 전공과 직업의 우선순위는 살포시 접어두세요. 배움의 재미를 깨달은 아이는 내적 동기를 엔진 삼아 스스로 성장해 나갈 테니까요.

함께 읽으면 좋은 책

《모두에게 배웠어》를 읽고 연계 독서로 배움의 재미를 느낄 수 있는 책들을 읽어보세요. 아이가 이제 막 한글을 배우기 시작했다면 《박성우 시인의 첫말 잇기 동시집》(글 박성우 · 그림 서현 / 비룡소)을 함께 읽어보세요. 같은 글자들이 반복되는 엉뚱 발랄한 동시를 통해 쉽고 재미있게 한글을 익힐 수 있답니다. 글자들이 만들어내는 리드미컬한 운율 덕에 읽기 연습도 한결 즐거워진답니다.

한글을 읽고 쓸 수 있는 아이라면 《단어수집가》(글 · 그림 피터 레이놀즈 / 문학동네)를 읽고 나만의 단어 상자를 만들어 보세요. 상자 안에 꿈을 담은 단어, 발음이 재미있는 단어, 뜻이 어려운 단어 등 새롭게 알게 된 단어들을 하나씩 모아 둡니다. 이따금씩 상자 속 단어들을 조합해 새로운 문장을 만들어 써보세요. 자주 반복하면 어휘력과 문장 구성력이 쑥쑥 자라날 거랍니다.

❸ 틀려도 괜찮아

글	마키타 신지
그림	하세가와 토모코
옮긴이	유문조
펴낸 곳	토토북

아이들은 지는 걸 싫어합니다. 타고난 승부욕 때문이지요. 틀리는 것도 싫어합니다. 부끄럽고 당황스러운 순간이 낯설고 불편하기 때문입니다. 누군가 '풋' 웃기라도 한다면 눈물이 날 만큼 창피하기도 할 겁니다. 이럴 때 우리 아이들에게 필요한 건 열렬한 응원과 격려입니다. 모든 게 처음인, 그래서 서툰 게 당연한 아이들에게 이렇게 말해 주세요. "틀려도 괜찮아."

책 엿보기 ○

이제 막 초등학교에 입학한 아이들이 옹기종기 교실에 앉아 있습니다. 아이들의 표정이 서로 다른 책의 표지처럼 다양합니다. 뚱한 표정의 아이, 화난 얼굴을 한 아이, 무언가 궁금해하는 아이……. 모든 게 낯설고 신기한 아이들에게 선생님이 나직한 목소리로 말합니다. 틀리는 걸 두려워하면 안 된다고, 틀리는 게 무서워 움츠러들면 조금도 자랄 수 없다고 말이지요. 선생님은 아이들이 틀리는 건 당연한 거라며 용기를 북돋아 주십니다.

어린 마음들을 다정하게 다독이는 선생님. 책장을 넘길 때마다 격려의 말들이 빛처럼 쏟아집니다. 틀려도 절대 기죽지 말라는 선생님이 계시니 우리 아이들이 즐겁게 배우고 자라는 거겠지요?

함께 읽을 땐 ○

밝고 낭랑한 목소리로 이야기를 읽어주세요. 교실은 틀려도 괜찮은 곳, 정답을 찾아가는 곳이란 걸 아이가 느낄 수 있도록요. 어떤 일이든 처음은 힘들기 마련입니다. 책을 읽으며 아이에게 부모님의 경험담을 들려 주세요. 엄마도 발표하기 전 심장이 튀어나올 것처럼 떨렸었다고, 아빠도 받아쓰기에서 많이 틀려 속상했던 적이 있었다고 말이지요. 부모님의 실패담은 아이에게 또 다른 용기가 되어 줄 거랍니다.

이것만은 놓치지 마세요! ○

아이가 틀리는 걸 부끄러워한다면 생각의 관점을 바꿔 주세요. 틀린 덕분에 모르는 것을 알게 됐으니 오히려 잘된 일이라고 말이지요. 모르면서 아는 척하는 사람이 세상에서 가장 어리석은 사람이란 걸 아이에게 꼭 알려주세요.

잦은 실수로 자신감이 떨어진 아이에겐 반복과 노력의 힘을 알려주세요. 처음에는 잘 못하던 일도 여러 번 반복해서 하다 보면 익숙해지기 마련이니까요. 익숙해지면 머지않아 잘하게 되는 날이 온다고 아이를 힘껏 응원해 주세요.

책을 읽은 후에는 ○

책 속엔 용기와 자신감을 샘솟게 하는 보석 같은 문장들이 가득 담겨 있습니다. 아이와 함께 이야기를 다시 읽으며 서로에게 해 주고 싶은 말을 찾아 써보세요. 정성들여 쓴 글귀는 눈에 잘 띄는 곳에 붙여두고 매일 큰 소리로 말해 주세요. 긍정적인 말들이 우리 삶을 얼마나 풍요롭게 하는지 직접 체험해 보세요.

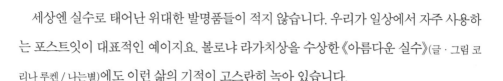

세상엔 실수로 태어난 위대한 발명품들이 적지 않습니다. 우리가 일상에서 자주 사용하는 포스트잇이 대표적인 예이지요. 볼로냐 라가치상을 수상한《아름다운 실수》(글·그림 코리나 루켄 / 나는별)에도 이런 삶의 기적이 고스란히 녹아 있습니다.

작가는 실수로 떨어뜨린 물감 한 방울이 아름다운 작품으로 승화되는 과정을 공들여 보여줍니다. 그림의 변화를 통해 실수는 결코 실패가 아님을, 실수가 있기에 삶이 더 완벽에 가까워지는 것임을 매우 감동적인 방식으로 전달합니다. "실수는 시작이기도 해요"라는 작가의 말을 되새기며 아이와 함께 실수를 긍정적으로 바라보는 연습을 해보는 건 어떨까요?

만약 아이가 나만 잘하는 게 하나도 없다며 우울해 한다면《수학에 빠진 아이》(글·그림 미겔 탕고 / 나는별)를 추천해 주세요. 푹 빠질 만큼 좋아하는 일, 내가 가장 잘하는 일을 발견하는 건 수많은 시행착오 끝에 얻어지는 값진 결실이란 걸 이 책이 잘 보여주거든요.

어렵기는 해도 일단 내가 좋아하는 일을 찾고 나면 멈추지 않는 모터를 단 것처럼 꾸준히 성장할 수 있다고 주인공은 말합니다. 그것도 아주 신나게, 열정적으로 말이지요. 포기하고 싶을 때마다, 열패감에 휩싸일 때마다 아이가 이 책을 꺼내 볼 수 있도록 눈에 잘 띄는 곳에 놓아주세요.

❹ 이까짓 거!

글·그림　박현주
펴낸 곳　이야기꽃

모든 일은 마음먹기에 달렸다고 하지요. 괜스레 우울한 날엔 스스로에게 말해 보세요. "이까짓 거!" 이렇게 말하고 나면 신기하게도 한 번 해볼 만하다는 생각이 들기 시작한답니다. 우리 아이들에게도 꼭 알려주세요. 이 신비한 주문을!

책 엿보기　ㅇ

　갑자기 비가 쏟아지기 시작합니다. 소녀의 얼굴에 근심이 어립니다. 곧 집에 돌아갈 시간인데 비는 여전히 세차게 내립니다. 우산이 없는 소녀는 점점 더 시무룩해집니다. 굵은 빗줄기에 학교 앞은 우산을 든 어른들로 넘쳐납니다. 하나둘, 엄마 아빠를 찾은 아이들이 반갑게 빗속으로 달려 나갑니다. 문 앞에 우두커니 멈춰 선 소녀. 소녀의 얼굴은 울상이 됩니다. 그 많은 사람들 속에 소녀의 엄마는 없으니까요.

　속상해서 화가 나려는데, 서러워서 눈물이 나려는데 한 친구가 가방을 받쳐 들고 빗속으로 뛰어듭니다. 이까짓 거, 별거 아니라는 듯 말이지요. 친구는 소녀에게 달리기 경주를 제안합니다. 진 사람이 이긴 사람에게 음료수 사주기란 내기까지 걸면서요.

　야속하기만 했던 비가 이젠 아무렇지 않습니다. 엄마가 오지 않아도, 우산이 없어도 괜찮습니다. 달려가는 소녀의 표정이 밝게 빛납니다. 소녀 앞에 서 있던 또 한 명의 아이가 책가방을 받쳐 들고 빗속으로 뛰어듭니다. 이까짓 거, 아무렇지 않다는 듯 말이지요.

함께 읽을 땐 ○

가끔씩 사소한 일로 속상할 때가 있습니다. 불같이 화가 나고 짜증이 솟구치는 날도 종종 찾아오지요. 우리 아이들에게도 분명 그런 날들이 있을 겁니다. 책을 읽으며 아이들에게 말해 주세요. 빗속을 뛰어가던 주인공처럼, 모든 일은 마음먹기에 달렸다고요.

이것만은 놓치지 마세요! ○

아이들은 선생님, 부모님 같은 어른뿐만 아니라 자신보다 유능한 또래를 통해서도 많은 것을 배웁니다. 소녀도 마찬가지지요. 책가방을 받쳐 들고 달리기 경주를 제안한 친구 덕분에 비에 대처하는 새로운 방법을 알게 됐으니까요.

친구는 소녀에게 우산이 없으면 책가방을 쓰면 된다고, 비를 흠뻑 맞으며 뛰는 것도 재미있는 놀이가 될 수 있다고 온몸으로 가르쳐줍니다. 이 둘의 모습을 지켜보던 소년이 빗속으로 뛰어드는 장면은 우리에게 시사하는 바가 큽니다.

아이가 혼자 하기 힘들어 한다면 곁에서 함께하는 친구가 되어 주세요. 마음의 준비가 될 때까지 아이가 가는 길에 동반자가 되어 주세요. 또래 친구들과 어울리며 마음의 근육을 키울 수 있도록 충분히 시간을 주는 것도 좋은 방법이 될 수 있습니다.

책을 읽은 후에는 ○

지금껏 어렵다는 이유로 미뤄뒀던 일들이 있다면 아이와 함께 목표를 정해 하나씩 시작해 보세요. 책 속의 소녀처럼 '이까짓 거, 해 보지 뭐!'라는 마음으로 일단 시작해 보는 거지요. 완벽하지 않더라도 한 번 해보고 나면 예전보다 발전된 내 모습을 발견하게 된답니다.

만약 아이가 한글 쓰기를 싫어한다면 좋아하는 공룡 이름처럼 간단한 단어라도 써볼 수 있게 유도해 주세요. "이까짓 거, 5초면 다 쓸 수 있지!" 엄마가 먼저 시범을 보여주시면 아이도 더 힘이 나겠지요? "엄마, 해보니까 정말 별거 아니네요!" 아이 스스로 이렇게 말할 때까지 꾸준히 함께 노력해 보세요.

함께 읽으면 좋은 책

아이가 특정 행동을 하지 않을 때는 능력이 부족해서라기보다 시도할 용기가 나지 않아서일 수 있습니다. 아이가 동기를 갖고 자발적으로 행동할 수 있도록 의지에 불을 붙여줄 책들을 꾸준히 읽어주세요.

그림책 《말하면 힘이 세지는 말》(글·그림 미야니시 다쓰야 / 책속물고기)은 마음을 튼튼하게 해주는 보약 같은 책입니다. 아이가 낙담해 있을 때, 포기하고 싶어 할 때 이 책을 함께 읽으며 아이를 격려해 주세요.

대부분의 아이가 엄마와 함께하는 일을 우리 아이는 혼자 해야 할 때, 그래서 그저 외롭고 쓸쓸하다는 말로는 다 표현할 수 없는 서글픔을 느낄 때 아이에게 《문어 목욕탕》(글·그림 최민지 / 노란상상)을 읽어주세요.

성장이란 '엄마 없이는' 아무것도 못하는 아이가 아니라 '엄마 없이도' 잘해내는 아이로 변해가는 과정이란 걸 이야기를 통해 넌지시 알려주세요. 둘러보면 혼자서도 해낼 수 있는 일이 많다고, 세상엔 혼자이기에 더 근사한 일들도 있다고 내면의 용기를 북돋워 주세요.

⑤ 내 멋대로 나 뽑기

글	최은옥
그림	김무연
펴낸 곳	주니어김영사

우리는 누구나 이상적인 자아상을 꿈꿉니다. 최고가 되고 싶은 마음, 인정받고 싶은 욕구는 인간의 본능이기도 하지요. 우리 아이들도 마찬가지입니다. 잘하고 싶은 마음이 있기에 실력이 뛰어난 친구를 보면 부러워지고 주변 친구들과 자기 모습을 끊임없이 견주게 되지요. 비교는 불행의 씨앗이라는데, 안타깝게도 이 이야기는 그 작은 씨앗에서 시작된답니다.

책 엿보기 ○

학예회 날 아침입니다. 학교는 왁자지껄한 학생들로 활기를 띱니다. 반면 소심하고 통통한 민주는 못난 자기 모습이 싫어 기운이 쪽 빠집니다. 예쁘고 실력 좋은 친구들에게 모든 관심과 애정이 집중되는 날. 민주는 그런 학예회 날이 불편하고 싫기만 합니다.

무거운 발을 이끌고 운동장에 들어선 민주 눈에 알록달록한 천막 하나가 들어옵니다. 신비한 분위기를 자아내는 천막 안에는 여러 장의 카드가 놓여 있습니다. 어리둥절해하는 민주에게 어떤 목소리가 말을 건넵니다. 네가 원하는 모습의 카드를 뽑으라고요.

'보라만큼 그림을 잘 그렸으면…….' '세린이처럼 똑똑하고 자신감이 넘쳤으면…….' '아영이처럼 예쁘고 날씬했으면…….'

민주는 과연 어떤 모습으로 변신할까요? 변한 자기 모습에 만족하게 될까요? 정체불명의 천막에는 누가 있었던 걸까요? 뒷이야기가 궁금해 자꾸만 빨리 읽게 되는 책이랍니다.

함께 읽을 땐 ○

원하는 대로 모습을 바꿀 수 있는 기회가 민주에게 여러 번 찾아옵니다. 민주가 카드를 뽑을 때마다 아이에게 질문을 던져 보세요. "만약 네게도 뽑기 카드가 주어진다면 네 모습을 다른 사람처럼 바꾸고 싶니?" "현재 네 모습이나 성격 중 바꾸고 싶은 부분이 있니?"처럼 이야기와 관련된 질문을 해보세요.

결론을 읽기 전 이야기가 어떻게 마무리될지 예측해 보는 것도 좋습니다. 누군가의 힘을 빌려 자기 모습을 바꿨을 때 어떤 결과가 초래될지 아이 스스로 생각할 시간을 주는 것이지요. 자기가 예측한 내용과 이야기를 비교하며 읽으면 또 다른 재미를 느낄 수 있답니다. 권말에 수록된 작가의 말도 빼놓지 말고 읽어보세요. 어린 독자들에게 보내는 작가의 애정 어린 메시지가 마음에 따뜻한 온기를 불어넣어 준답니다.

이것만은 놓치지 마세요! ○

요즘 아이들은 외모에 관심이 참 많습니다. 남들보다 키가 작아서 또는 통통하다는 이유로 자기 모습을 싫어하는 경우를 종종 보게 됩니다. 성적 때문에 위축되는 아이들도 적지 않습니다. 점수가 중요한 평가 기준이 되는 학교에서 대부분의 시간을 보내다 보니 또래보다 뒤처지는 자기 모습에 자신감을 잃기도 합니다.

우리 아이들에겐 자존감을 배울 기회가 그리 많지 않습니다. 학교, 학원을 돌며 부모 세대보다 더 많은 것을 학습하지만 있는 그대로의 자기 모습을 인정하고 사랑하는 방법은 어디서도 가르쳐주지 않기 때문이지요. 이 책을 함께 읽으며 아이에게 꼭 말해 주세요. "네가 어떤 모습이든 우리 가족은 있는 그대로의 널 사랑한다"고요.

책을 읽은 후에는 ○

아이와 함께 이야기와 관련된 질문을 만들어 보세요. '천막 주인이 아이들의 영혼을 갉아먹는 유령이라면?', '주인공이 원래 모습으로 돌아오지 못하고 전혀 다른 인물로 바뀌어 버린다면?' 질문에 걸맞은 답을 열심히 떠올리다 보면 우리만의 이색적인 이야기가 탄생할 거랍니다.

함께 읽으면 좋은 책

우리는 모두 다릅니다. 성격도 생김새도, 좋아하는 음식도 잘하는 과목도 모두 다르지요. 이런 다름은 결코 우열의 대상이 아닙니다. 서로 존중하고 인정해야 할 부분일 뿐이지요. 세상엔 더 좋은 모습 나쁜 모습이 있는 게 아니란 걸, 모두가 다르기에 제각기 빛날 수 있다는 걸 이번 기회를 통해 아이들에게 알려주세요.

아이가 작은 키 때문에 고민한다면 그림책《넌 (안) 작아》(글 강소연·그림 크리스토퍼 와이엔트 / 풀빛)를 읽어주세요. 작다고 위축될 필요도, 크다고 우쭐할 이유도 없다는 걸 자연스레 깨칠 수 있는 책입니다. 모든 것은 '상대적'이란 우주의 진리가 귀여운 그림 속에 깜찍하게 숨어 있답니다.

초등생 자녀와는《나쁜 어린이 표》(글 황선미·그림 이형진 / 이마주)를 함께 읽어보세요. 칭찬 받기 위해 애쓰지만 번번이 나쁜 어린이 표를 받는 건우의 모습은 일상에서 우리 아이들이 맛보는 좌절감과 열패감을 생생히 전달해 줍니다.

이야기 속 선생님처럼 어른들은 눈에 보이는 결과물로만 아이를 판단할 때가 적지 않습니다. 아이가 잘못을 했을 때 은연중에 '나쁜 어린이'라는 낙인을 찍고 있었던 건 아닌지 돌아보는 시간을 가져보면 어떨까요?

어른들의 부정적 평가가 지속적으로 쌓이면 아이는 스스로 자신을 나쁜 어린이라 여기

게 됩니다. 너그러운 용서가 칭찬 못지않게 중요하다는 걸 이 책을 통해 다시 한 번 되새겨

보세요. 아이가 자신의 존재 자체에 대한 인정과 사랑을 흠뻑 느낄 수 있도록 평소 자주 안

아주고 격려해 주세요.

우리 집 칭찬 릴레이

그림책《모두에게 배웠어》처럼 우리 가족에게서 어떤 점을 배울 수 있는지 찾아보세요. 그림책에 나오는 문장을 활용하면 더 쉽게 내용을 완성할 수 있습니다. 본받을 점을 한 줄 한 줄 쓰다 보면 가족에 대한 존경과 사랑이 더욱 커진답니다.

'재미있는 책을 잘 고르는 엄마. 엄마에겐 책 고르는 법을 배웠어. 이젠 나도 좋아하는 책이 많이 생겼어.'
'매일 세 번 양치질하는 아빠. 아빠에겐 깨끗하게 이 닦는 법을 배웠어. 내 이는 반짝반짝 빛이 나.'
'어떤 식물이든 쑥쑥 잘 키우시는 할머니. 할머니께는 토마토 심는 법을 배웠어. 토마토가 자라면 샐러드를 만들어 먹을 거야.'

스케치북이나 색종이를 이용해 미니북을 만들고 가족들의 장점을 적어 보세요. 가족의 특징이 드러나도록 예쁘게 그림도 그려 보세요. 사진을 붙여도 좋습니다. 우리 가족의 장점이 담긴 그림책을 자주 꺼내 보며 서로를 칭찬해 주세요. 새로운 장점을 발견할 때마다 추가해 넣으면 칭찬 릴레이가 끊이지 않을 거랍니다.

우리 아이들에게도 배울 점이 참 많습니다. 아이 덕분에 새롭게 배우고 깨달은 점이 있다면 잊지 말고 꼭 말해 주세요. 고맙다는 인사와 함께요. 이렇게 칭찬 릴레이를 꾸준히 이어가다 보면 아이의 자존감이 눈부시게 자라날 거랍니다.

4월

소풍 도시락에 책 한 권!

의미와 뜻을 되새기는 '기념일' 책 모음

소풍 떠나기 좋은 계절입니다. 아이와 함께하는 나들이 계획, 벌써 세워두셨겠지요? 4월엔 좋은 날씨만큼이나 기분 좋은 기념일들이 많습니다. 우리 강산을 더욱 푸르게 할 식목일(5일), 역사적으로 뜻 깊은 임시정부 수립일(11일), 호기심을 자극하는 과학의 날(21일)과 지구의 날(22일), 민족의 영웅 충무공탄신일(28일)까지. 기념일마다 의미와 뜻을 되새기며 읽어볼 책들도 무궁무진합니다.

또 이 달엔 4·19 혁명 기념일(19일), 장애인의 날(20일)처럼 우리가 꼭 기억해야 할 날들도 포함돼 있습니다. 책을 읽으며 잊지 말아야 할 소중한 존재들에 대해 떠올려 본다면 그 어느 때보다 의미 있는 시간을 보낼 수 있을 거랍니다.

여행 계획이 많아 책 읽을 시간이 없다고요? 천만에요! 이번 달 우리는 틈새 독서의 정수를 맛보게 될 겁니다. 어디를 가든 어쩔 수 없이 기다려야 하는 시간이 생기기 마련이니까요. 차를 타고 이동할 때, 식당에서 음식이 나오길 기다릴 때 아이에게 스마트폰 대신 미리 챙겨 간 책을 건네주세요. 자투리 시간을 잘 활용하면 생각보다 많은 책을 읽을 수 있답니다.

소풍 도시락 싸듯 나들이 가방에 책 한 권, 잊지 말고 챙겨 보세요. 지루한 차 안에서 몸이 배배 꼬이기 시작할 때, 듬직한 책 용사가 우리 아이들을 스마트폰의 유혹에서 구해 줄 거랍니다.

4월

일요일	월요일	화요일	수요일	목요일	금요일	토요일
				1	2	3
4 청명	5 식목일·한식	6	7	8	9	10
11 임시정부수립 기념일	12	13	14	15	16	17
18	19 4·19혁명	20 장애인의 날	21 과학의 날	22 지구의 날	23 세계 책의 날	24
25 법의 날	26	27	28 충무공 탄신일	29	30	

소풍 도시락에 책 한 권!　**의미와 뜻을 되새기는 '기념일' 책 모음**

4월 5일 + 내가 사랑하는 나무의 계절 / 아주 작은 씨앗이 자라서

4월 11일 + 여기가 상해 임시 정부입니다

4월 20일 + 내 친구 마틴은 말이 좀 서툴러요 / 내게는 소리를 듣지 못하는 여동생이 있습니다

4월 22일 + 나는 138억 살

4월 23일 + 책이란? / 책 / 만날 읽으면서도 몰랐던 책 이야기

① 나무는 좋다

글	재니스 메이 우드리
그림	마르크 시몽
옮긴이	강무홍
펴낸 곳	시공주니어

싱그러운 4월, 식목일을 기념해 나무에 대한 이야기를 나눠 보세요. 씨앗이 자라 나무가 되기까지 얼마나 오랜 시간이 걸리는지, 우리 동네에선 어떤 나무들을 볼 수 있는지 아이와 함께 다양한 책을 읽으며 직접 답을 찾아보세요.

책 엿보기 ○

나무를 연상시키는 기다란 책입니다. 표지 속 어린 소녀는 나무에 물을 주고 고양이는 나무 위에서 낮잠을 잡니다. 타고 오르면 전망대처럼 좋은 경치를 보여주는 나무, 울창한 잎으로 하늘을 가려 그늘을 선물하는 나무, 강가에도 언덕에도 푸르게 자라 세상에 아름다움을 더하는 나무. 나무 곁에서 우리는 건강하고 행복한 삶을 이어갑니다.

낙엽 위를 뒹구는 아이들의 얼굴엔 행복이 가득 담겨 있습니다. 굵은 나뭇가지에 앉아 생각에 잠긴 소년은 나무가 주는 편안함에 흠뻑 빠져 있습니다. 계절에 따라 다채롭게 모습을 바꾸는 나뭇잎들은 우리에게 보는 즐거움을 선사합니다.

나무는 우리에게 참 고마운 존재입니다. 가지와 기둥, 잎과 열매까지 모든 걸 아낌없이 내어 주니까요. 때론 편안한 쉼터가 되어 주고, 때론 든든한 버팀목이 되어 주는 신통방통한 존재. 책을 끝까지 읽고 나면 나만의 나무 한 그루를 심고 싶어질지도 모릅니다.

함께 읽을 땐 ○

나무를 즐기는 기발하고 이색적인 방법들은 읽는 재미를 배가시킵니다. 나무를 이용해 신나게 놀 수 있는 또 다른 방법들을 떠올려 보세요. 상상을 더하면 책 속에 나온 방법보다 더 재미있는 놀이법을 개발할 수 있을 거랍니다. 책장을 넘기며 작가가 나무를 어떻게 묘사하고 있는지 눈여겨보세요. 집에서 키워 보고 싶은 식물에 대해 이야기 나눠 보는 것도 좋을 거랍니다.

이것만은 놓치지 마세요! ○

나무는 다양한 방식으로 우리 삶에 도움을 줍니다. 멋진 집이 되기도 하고, 우리가 읽는 책이 되기도 합니다. 홍수를 막아주기도 하며 건강한 음식을 내어주기도 하지요. 우리는 어떤가요? 나무처럼 주변에 도움을 주는 사람인가요? 아니면 나누고 양보하는 데 인색한 사람인가요? 아낌없이 베푸는 나무처럼 주변에 선한 영향력을 끼치는 사람이 되자고 아이와 함께 약속해 보는 건 어떨까요?

책을 읽은 후에는 ○

돋보기를 들고 아이와 함께 동네 산책을 나가 보세요. 우리 주변엔 어떤 나무들이 있는지 만져 보고, 냄새도 맡아 보며 자세히 관찰해 보세요. 그동안 보이지 않았던 부분들이 하나씩 보이기 시작할 거예요. 이름을 잘 모르겠다면 식물 정보 서비스 앱인 '모야모'를 이용해 보세요. 사진을 찍어 올리면 나무의 이름을 금세 알려준답니다. 책에서 더 많은 정보를 찾아보면 나무에 대한 지식이 쑥쑥 쌓일 거랍니다.

식목일을 기념해 특별한 활동을 해보는 건 어떨까요? 온 가족이 함께 씨앗이나 묘목을 심어 보세요. 아이에겐 두고두고 기억에 남을 멋진 경험이 될 거랍니다. 알록달록 클레이를 이용해 나만의 나무를 만들어 보세요. 나무로 만들어진 물건을 번갈아 대며 기억력 게임을 해도 재미있답니다. 나무가 있어 어떤 점이 좋은지, 반대로 세상에 나무가 없다면 어떤 일이 벌어질지 아이와 함께 이야기 나누는 시간도 가져 보세요.

함께 읽으면 좋은 책

《내가 사랑하는 나무의 계절》(글 크리스 버터워스·그림 샬럿 보크 / 달리)은 편안한 이야기와 깨알 같은 정보가 균형을 이루는 작품입니다. 권말에 소개된 '나무로 할 수 있는 다양한 활동'은 훌륭한 독후 놀이 팁을 제공합니다.

나무의 한살이가 궁금하다면 《아주 작은 씨앗이 자라서》(글 황보연·그림 이제호 / 웅진주니어)를 읽어보세요. 작은 씨앗 하나가 뿌리를 내리고 나무로 자라기까지, 전 과정을 섬세한 그림과 지식으로 풀어냈답니다.

② 백년아이

글·그림　김지연
펴낸곳　다림

4월 11일은 대한민국 임시정부 수립 기념일입니다. 독립에 대한 열망과 투지로 이 나라의 초석이 되셨던 분들을 떠올리면 가슴이 뜨거워집니다. 대한민국의 미래를 이끌어갈 우리 아이들이 그분들의 뜻을 잊어선 안 되겠지요? 이날만큼은 나라에 대한 자긍심과 민족 의식을 고취시켜 줄 책들을 함께 읽어보세요.

책 엿보기　○

　오늘은 민주 증조할아버지의 100번째 생신날입니다. 증조할아버지는 독립 만세 운동이 한창이던 1919년 이 땅에 태어나셨지요. 어머니 품을 떠나 소년의 몸으로 독립 운동에 나섰던 증조할아버지. 민주의 증조할아버지를 비롯해 수많은 사람들의 피땀 어린 노력으로 마침내 우리나라는 독립을 이루어냅니다.

　그러나 광복의 기쁨도 잠시, 우리는 남과 북으로 분단되며 또 한 번의 비극을 맞게 됩니다. 6·25전쟁과 이산가족 상봉, 민주화 운동 등 가슴 절절히 아픈 상처를 더듬어가다 보면 다시금 희망과 성장의 새 역사가 시작됩니다. 88서울올림픽, 2002년 월드컵, 남북정상회담, 촛불시위에 이르기까지 우리의 지난 역사가 파노라마처럼 펼쳐집니다.

　이 책은 오늘의 번영과 영광이 있기까지 우리나라가 거쳤던 국난의 역사를 담담히 보여줍니다. 증조할아버지는 대한민국의 미래를 이끌어갈 손녀에게 나직이 이야기합니다. "네가 두 발로 서 있는 이 땅이 너희가 평화를 꽃피우고 행복을 노래할 곳"이라고요. 오늘은 증조할아버지의 100번째 생신날이지만 선물은 민주가 받았습니다. 대한민국이란 크고 귀한 선물 말이지요.

함께 읽을 땐　○

표지를 펼쳐 뒤집어 보세요. 한복 입은 소년과 원피스 입은 소녀가 서로를 향해 달려가는 모습이 보입니다. 두 사람은 과연 누구일까요? 붉고 푸른 앞뒤 표지 색과 '백년아이'라는 제목에는 어떤 의미가 담겨 있을까요? 책을 읽기 전 아이와 함께 유추해 보세요.

이것만은 놓치지 마세요!　○

역사적 배경지식이 풍부할수록 감동의 깊이가 커지는 책입니다. 권말에 수록된 '대한민국 100년 연대표'를 참고한 뒤 이야기를 다시 읽어 보세요.

책을 읽은 후에는　○

역사에 관심이 많은 아이라면 책 속에 담긴 깊은 뜻을 바로 알아차릴 겁니다. 뭉클한 감동에 눈시울이 뜨거워질지도 모르지요. 만약 아이가 우리 역사를 접할 기회가 많지 않다면 윤봉길, 안중근 등 책 속에 등장하는 독립운동가들의 전기를 찾아 읽어보세요. 기회가 된다면 백범 김구기념관, 도산 안창호 기념관 등에 직접 다녀와 보세요. 아이의 역사 지식과 시대정신이 쑥쑥 자라는 값진 경험이 될 거랍니다.

함께 읽으면 좋은 책

아이와 함께 《여기가 상해 임시 정부입니다》(글 장성자 · 그림 허구 / 바우솔)도 읽어보세요. 대한민국 임시 정부의 이야기를 아이의 시점에서 서술하는 책입니다. 당시의 시대상과 나라 잃은 설움을 고스란히 느낄 수 있는 작품이랍니다.

③ 위를 봐요!

글·그림   정진호
펴낸곳   은나팔

선천적으로 장애를 안고 태어나는 경우도 있지만 사고로 인해 장애를 갖게 되는 경우도 적지 않습니다. 현대 사회에서 장애는 누구나 겪을 수 있는 또 다른 삶의 모습인 것이지요. 아이와 함께 장애를 이해하는 데 도움이 되는 책들을 읽어보세요. 그리고 이야기를 통해 더불어 살아가는 삶의 중요성을 일깨워 주세요.

책 엿보기 ○

교통사고로 두 다리를 잃은 수지는 아파트 베란다에서 세상을 내려다봅니다. 수지에게 사람들은 그저 까만 점으로 보일 뿐이지요. 한 사람이라도 위를 봐주면 좋으련만 사람들은 무심히 앞만 보고 걸어갑니다. 수지는 간절히 바랍니다.

'내가 여기에 있어요. 아무라도 좋으니⋯⋯.'

그러던 어느 날 한 아이가 위를 올려다봅니다. 수지가 자기 모습을 제대로 볼 수 있도록 아이는 특별한 방법을 떠올립니다. 아이의 기지에 거리를 지나치던 사람들이 하나둘 동참하기 시작합니다.

수지의 얼굴에 미소가 번집니다. 어둡고 단조로웠던 흑백의 세상은 알록달록 생기 넘치는 풍경으로 변합니다. 이제 수지는 내려다보지 않습니다. 세상 속으로 나아가 함께 위를 바라봅니다.

함께 읽을 땐 ○

수지는 가족 여행을 떠났다 사고로 두 다리를 잃습니다. 담담히 자신의 이야기를 풀어
놓는 수지의 목소리에 첫 페이지부터 가슴이 쿵 내려앉습니다. 사고는 누구에게나 찾아올
수 있는 불운입니다. 장애 역시 마찬가지지요. 아이와 함께 책을 읽으며 수지의 마음을 헤
아려 보세요. 사고 전후로 수지의 삶이 얼마나 달라졌을지 진심으로 공감하며 이야기 나
눠 보세요.

이것만은 놓치지 마세요! ○

책을 읽으며 도움이 필요한 친구, 몸이 불편한 이웃을 무심코 지나친 적은 없는지 떠올
려 보세요. 수지에게 말을 걸었던 그 아이처럼 우리 아이들도 주변을 보듬으며 어울리는
사람이 되도록 부모님께서 먼저 모범을 보여주세요.

책을 읽은 후에는 ○

아이들은 본능적으로 서로의 '다름'을 알아챕니다. 다르다는 이유로 편을 가르고 놀리는
아이들도 적지 않지요. 수지처럼 장애를 가진 친구를 만났을 때 우리가 어떤 도움을 줄 수
있을지, 어떤 놀이를 하며 즐겁게 어울릴 수 있을지 아이와 함께 생각해 보는 시간을 가져
보세요.

함께 읽으면 좋은 책

　그림책《내 친구 마틴은 말이 좀 서툴러요》(글 알레인 아지레·그림 마이테 그루차가 / 라임)에는 자폐아 친구를 진심으로 아끼고 돕는 소녀가 등장합니다. 소녀는 마틴의 단점을 꼬집기보다 장점을 칭찬하고 마틴이 새로운 것을 배울 수 있게 곁에서 기다리며 도와주지요.

　다른 친구들은 어떨까요? 안타깝게도 아이들은 자기와 다르다는 이유로 마틴을 놀리고 비웃습니다. 하지만 소녀는 마틴이 우리와 전혀 다르지 않다고 말합니다. 자기를 놀리는 걸 좋아하는 사람은 세상에 아무도 없다고, 마틴도 마찬가지라고 말이지요.

　장애와 비장애의 경계를 넘어 우리가 타인을 대할 때 가져야 할 마음은 바로 이런 게 아닐까 생각해 봅니다. 어느 쪽으로도 치우치지 않는, 편견 없는 마음 말입니다.

　《내게는 소리를 듣지 못하는 여동생이 있습니다》(글 진 화이트하우스 피터슨·그림 데보라 코간 레이 / 웅진주니어)는 가족의 이야기입니다. 청각 장애를 가진 동생의 일상을 언니가 차분한 어조로 들려줍니다. 듣지는 못하지만 누구보다 예리한 관찰력을 가진 동생을 언니는 부끄러워하지 않습니다. 친구들에게 떳떳하게 동생을 소개하고 동생이 무엇을 잘하는지 이야기해 주지요. 언니는 말합니다. 장애를 가진 동생은 우리와 다른 방식으로 세상을 보고 표현할 뿐이라고요. 도서관에 가면 이 야야기를 점자책으로도 만나볼 수 있습니다. 동생의 처지를 이해하고자 애쓰는 언니처럼, 우리도 이 책만큼은 점자책으로 다시 읽어보면 어떨까요?

❹ 내 친구 지구

글 　패트리샤 매클라클랜
그림 　프란체스카 산나
옮긴이 　김지은
펴낸 곳 　미디어창비

4월 22일은 '지구의 날'입니다. 환경오염의 심각성을 알리기 위해 제정된 날이지요. 이미 세계 여러 나라가 환경오염으로 인한 생태계 파괴, 이상 기후에서 비롯된 자연 재해 등으로 큰 피해를 입고 있습니다. 우리나라도 예외는 아닙니다. 지속 가능한 지구를 만들기 위해 우리는 어떤 노력을 기울여야 할까요? 아이와 함께 다양한 책을 읽으며 실천할 수 있는 방법들을 찾아보세요.

책 엿보기 ○

　푸른 자연 속에서 편안하게 웃고 있는 소녀가 보입니다. 밝고 긍정적인 에너지를 뿜어내는 소녀는 모든 생명의 터전, 지구입니다. 책 제목처럼 지구를 친근한 아이의 모습으로 표현한 것이지요.

　귀엽고 사랑스러운 지구가 겨울잠에서 깨어납니다. 친절하고 관대한 지구는 모든 생명을 사랑으로 돌봅니다. 천진난만한 모습을 하고 있지만 때론 무시무시한 위력을 발휘해 큰 비를 내리기도 합니다. 그러나 언제 그랬냐는 듯 지구는 모든 걸 제자리로 되돌려놓습니다. 그렇게 여름과 가을이 가고 다시 겨울이 돌아오면 지구는 포근한 눈 이불을 덮고 깊은 잠에 빠져듭니다.

　《내 친구 지구》는 경이롭고 아름다운 책입니다. 페이퍼 커팅 아트와 플랩 기법으로 지구가 진짜 살아 움직이는 듯한 신비로운 경험을 선사하지요. 책장을 넘길 때마다 다음 장을 기대하게 만드는, 매력적이고 환상적인 그림책입니다. 지구의 날을 맞아 아이와 함께 꼭 한 번 읽어보시길 추천합니다.

함께 읽을 땐　○

그림 속에서 소녀를 찾는 재미가 쏠쏠합니다. 마치 숨바꼭질 하듯 책장 곳곳에 숨어 있는 소녀의 모습을 아이와 함께 찾아보세요. 책에 등장하는 다양한 동식물을 보며 지구엔 또 어떤 생명들이 살고 있는지 이야기 나눠 보세요.

이것만은 놓치지 마세요!　○

아기자기한 그림 속엔 다양한 과학적 사실들이 숨겨져 있습니다. 계절의 순환, 동물의 이동 등 책 속에 등장하는 자연 현상을 하나씩 짚어 가며 읽어보세요. 오래 관찰하고 깊이 있게 읽으면 더 많이 배우고 느낄 수 있는, 의미 있는 책이랍니다.

책을 읽은 후에는　○

책을 읽고 지구본 또는 세계지도를 펼쳐 5대양 7대륙을 찾아보세요. 우리가 살고 있는 지구엔 어떤 나라들이 있는지, 각 나라엔 어떤 민족과 동식물들이 살고 있는지 아이와 함께 살펴보세요. 백과사전이나 다큐멘터리 영상을 통해 지구 내부 구조와 우주에서 촬영한 지구의 모습을 찾아보세요. 여러 각도에서 지구를 바라보면 우리가 사는 이 행성이 더욱 경이롭게 느껴진답니다.

지구의 나이는 아이들이 가장 궁금해하는 질문 중 하나입니다. 46억 살이나 되는 지구에게 한두 해 더하는 것은 큰 의미가 없는데도 매년 새해마다 아이들은 자기 나이와 지구의 나이를 비교해 보고 싶어 합니다.

이런 궁금증을 품은 아이에게는 우주의 탄생부터 지구의 시작, 생명의 기원을 두루 알려주는 책《나는 138억 살》(글 신동경 · 그림 이명애/ 풀빛)을 읽어주세요. 지구와 내가 모두 같은 원자로 이루어졌다는 사실을 알고 나면 익숙했던 세상이 전혀 다르게 보인답니다.

원자나 탄소 같은 낯선 용어가 등장하지만 괜찮습니다. '작은 알갱이', '장난감 블록'처럼 아이들이 이해하기 쉬운 구체물로 용어를 설명해 주니까요. 새로운 이름을 배운다는 건 아이의 지경이 넓어지는 일입니다. 아이에게 처음 사과와 포도를 가르쳐줬던 그때처럼 과학의 세계에는 산소와 수소라는 원소가 있다고 친절히 알려주세요.

⑤ 내가 책이라면

글	쥬제 죠르즈 레트리아
그림	안드레 레트리아
옮긴이	임은숙
펴낸 곳	국민서관

우리는 좋은 책을 만나면 깊이 감동하고 이야기 속으로 푹 빠져듭니다. 주인공의 상황에 감정을 이입하기도 하고, 등장인물의 삶을 동경하기도 합니다. 지식과 정보를 주는 책을 해답지 삼아 문제를 해결할 때도 많습니다. 이렇듯 우리에게 다양한 쓸모를 제공하는 책, 없어서는 안 될 참 고마운 존재이지요. 4월 23일은 '세계 책의 날'입니다. 이날만큼은 특별히 책의 마음을 헤아려보는 건 어떨까요? 책이 말을 할 수 있다면, 아마 우리에게 이런 말을 들려주고 싶을지도 모릅니다.

책 엿보기 ○

'내가 책이라면, 날 좀 집으로 데려가 달라고 부탁하고 싶어요.'

영상 미디어의 발달로 우리는 점점 더 책에서 멀어지고 있습니다. 그런 우리를 지켜보며 책은 안타까움과 슬픔, 어쩌면 그 이상의 아픔을 느낄지도 모릅니다.

책은 말합니다. 아이들의 꿈을 키우고 누군가를 행복하게 해줄 수 있다면 어디에나 존재하고 싶다고요. 읽힐 때마다 독자에게 새로운 의미를 주며 시간이 흘러도 누군가의 마음에 남는 그런 책이 되고 싶다고요. 그래서 마지막엔 "이 책이 내 인생을 바꿔 주었어"라는 말을 꼭 듣고 싶다고요.

책의 속마음을 한 장 한 장 엿볼 때마다 뭉클한 감동이 몰려옵니다. 독자를 기다리는 책의 마음은 아이를 바라보는 부모의 마음과 참 많이 닮았으니까요. 책은 서툰 독자들을 향한 당부도 잊지 않습니다. 자신을 장식용 소품으로만 쓰지 말아달라고, 이야기를 시작하자마자 결말부터 알려 하지 말라고 넌지시 타이르기도 합니다.

마지막 장을 넘기며 아이들은 그동안 시시하다고 외면했던 책을 다시 보게 될지도 모릅니다. 용맹한 사자가 되었다가 은은한 빛이 되기도 하는 책의 진가를 이제야 비로소 알게 됐으니까요. 나와 비밀을 공유하고, 나에게 아주 멋진 하루를 선물해 주고 싶어 하는 책의 마음을 아이들도 더 이상 못 본 척할 수 없을 거랍니다.

함께 읽을 땐 ○

내가 선생님이라면, 내가 가수라면, 내가 대통령이라면······. 우리 아이들도 참 많이 하는 말이지요? 하고 싶은 일도, 전하고픈 말도 많은 아이들에게 책도 우리와 똑같다고 말해 주세요. "네 말을 친구들이 재미있게 들어주길 바라는 것처럼, 책도 네가 재미있게 자기를 읽어주길 기다리고 있어"라고요. 오늘부터 책을 반려동물이나 식물처럼 생명이 있는 친구로 대하자고 제안해 보세요.

이것만은 놓치지 마세요! ○

아이와 함께 시간 가는 줄 모르고 푹 빠져 읽었던 책이 있나요? 이야기 끝이 궁금해 뒷부분부터 펼쳐 읽었던 책은요? 아이와 책장을 넘기며 책과 관련된 우리만의 추억을 떠올려보세요. "맞아! 우리도 그때 그랬지!" 맞장구치며 읽다 보면 아이들은 자연스레 공감하며 읽는 방법을 체득하게 될 거랍니다.

책을 읽은 후에는 ○

아이와 함께 가상 인터뷰를 해보세요. 엄마가 진행을 맡고 아이가 '말하는 책'이 되어 상상해서 묻고 답하는 놀이를 해보는 겁니다.

"열정적인 독자와 함께라면 무인도라도 기꺼이 따라가겠다고 했는데, 당신이 무인도에 간다면 무엇을 가져가시겠습니까?

"사자, 배, 텐트 말고 또 어떤 걸로 변할 수 있습니까?"

"책을 읽지 않는 어린이 독자들에게 하고 싶은 말이 있다면?"

책의 입장이 되어 생각해 보고 나면 책의 소중함과 고마움을 더 깊이 느끼게 될 거랍니다. 평소 좋아하는 책에게 편지를 써 봐도 좋습니다. 우리에게 감동과 지식을 줘서 고맙다고 말이지요. 덕분에 '모른다'는 말보다 '안다'라는 말을 자주 쓸 수 있게 됐다고, 늘 곁에 있어 줘서 감사하다고 책에게 마음을 표현해 보세요.

함께 읽으면 좋은 책

이제 막 책읽기를 시작한 아이들에겐《책이란?》(글·그림 클로에 르제 / 올파소)을 읽어주세요. 책은 신나는 모험을 함께 떠나고 어려운 문제도 척척 해결해 주는 다재다능한 친구랍니다. 그런 재주 많은 친구가 우리 집 책장에도 아주 많다는 걸 아이에게 꼭 알려주세요.

옛날 양반가의 서재를 그대로 옮겨 놓은 듯한 그림책《책》(글·그림 지현경 / 책고래)도 함께 읽어보세요. 책을 매개로 친구가 된 두 소녀의 이야기는 그림만큼이나 사랑스럽답니다. 우리 아이들에게도 연이와 순이처럼 서로에게 의지가 되는 책동무가 있다면 참 좋겠지요? 이 책을 읽고 '나만의 책 만들기' 활동을 해보면 더욱 의미있을 겁니다. 서울 책박물관이나 파주 출판도시 내에 위치한 지혜의 숲, 강원도 춘천의 책과인쇄박물관처럼 직접 책을 만들어 볼 수 있는 문화 공간으로 여행을 떠나는 것도 이색적인 경험이 될 것입니다.

《만날 읽으면서도 몰랐던 책 이야기》(글 구원경·그림 이동현 / 파란정원)는 문자의 발명부터 책이 만들어지기까지의 역사를 알기 쉽게 설명해 줍니다. 동굴벽화, 점토판, 파피루스를 거쳐 지금과 같은 모습의 책이 완성되기까지, 얼마나 오랜 시간 많은 사람들의 노력이 필요했는지 상세하게 보여줍니다. 고대부터 현대까지 책의 역사를 톺아볼 수 있는 타임머신 같은 책, 아이와 함께 꼭 읽어보시길 추천합니다.

숲속에서 보물찾기

어딜 가나 초록빛 생기가 넘치는 계절입니다. 나무, 꽃, 숲에 대한 책을 읽고 아이와 함께 산책을 나가보세요. 집 앞 화단, 학교 담장에서 나무와 꽃을 관찰하고 식물에 대한 이야기를 나눠 보세요.

온 가족이 함께 가까운 곳으로 등산을 가는 것도 좋겠지요? 작은 텐트를 치고 숲에서 들려오는 소리를 들으며 느긋하게 식물에 대한 책을 읽는다면 그 자체로 환상적인 경험이 될 거랍니다. 아이가 잠깐 한눈을 판 사이, 미리 준비해 간 쪽지를 숨겨 놓고 보물찾기를 해보세요. 평소 아이가 좋아하는 풍선이나 구슬, 사탕 같은 상품이면 충분하답니다. 재미를 위해 '꽝'도 빼놓지 마세요.

구석구석 보물을 찾다 보면 평소 무심코 지나쳤던 돌과 흙, 꽃과 나뭇잎들을 더욱 눈여겨보게 됩니다. 마음에 드는 나뭇잎이나 들꽃을 발견했다면 하나씩 모아다 스케치북에 붙여 보세요. 간략하게 식물의 정보와 특징을 써 넣으면 세상 하나뿐인 '식물도감'이 완성된답니다.

숲 해설사와 함께하는 숲 체험도 추천합니다. 자연 속에서 걷고 뛰며 숲속 동식물에 대한 설명을 들으면 더 오래 기억에 남는답니다. 봄, 여름, 가을, 겨울 계절마다 숲에서 느끼고 체험할 수 있는 내용이 각기 다릅니다. 바쁘시더라도 일 년에 한 번은 아이와 숲 체험을 즐기며 계절의 변화를 만끽해 보세요.

5월

나, 가족, 우리 모두가 소중해!

'사랑과 우정'이 가득한 책 모음

'가정의 달' 5월입니다. 이번 달엔 가족에 대한 책을 읽으며 서로의 소중함을 느껴보세요. 특히 아이의 내밀한 마음을 들여다보고 어루만져 줄 책들을 많이 준비했습니다. 상처를 치유하고 내적 성장을 이루는 데 힘이 되어줄 책들, 부모님께서 다정한 목소리로 읽어주세요.

부모와 아이의 갈등은 소통에 실패했을 때 일어납니다. 각자 자기 입장만 고집하다 보면 대화가 사라지고 오해가 반복되는 악순환이 일어나지요. TV 예능 프로그램처럼 이번 달엔 '전지적 관찰자 시점'으로 서로의 모습을 바라보세요. 서로의 행동을 비추는 카메라 역할은 책이 대신해 줄 겁니다.

함께 책을 읽으며 '우리 아이가 이럴 때 속상했겠구나', '우리 엄마가 이래서 화가 났구나' 서로의 입장을 이해하는 시간을 가져보세요. 이번 달 달력을 넘길 때쯤이면 가족 간의 심리적 거리가 한 뼘 더 가까워져 있을 거랍니다.

엄마 아빠의 마음을 위로하고 다독여 줄 '어른을 위한 그림책'도 소개합니다. 그림책 읽기는 어른이 된 내가 내 안의 '아이'에게 해줄 수 있는 가장 따뜻한 환대랍니다. 오롯이 나를 위한 시간, 지친 몸과 마음을 책으로 치유해 보세요.

5월도 각종 행사가 많은 달입니다. 선생님께 감사한 마음을 전하는 스승의 날, 거리마다 고운 연등이 달리는 부처님 오신 날도 이 달에 포함돼 있습니다. 뜻 깊은 날, 소중한 분들과 마음을 나누는 특별한 시간 보내시길 바랍니다.

5월

일요일	월요일	화요일	수요일	목요일	금요일	토요일
						1 눈물바다
2	3	4	5 어린이날·입하	6	7	8 어버이날
9	10	11	12	13	14	15 스승의 날
16	17	18 5.18 민주화 운동 기념일	19 부처님 오신 날 발명의 날	20 세계인의 날	21 소만	22
23	24	25	26	27	28	29
30	31 바다의 날					

나, 가족, 우리 모두가 소중해! '사랑과 우정'이 가득한 책 모음

5월 1일 + 볼만이 있어요 & 이유가 있어요 / 어른들은 왜 그래?

5월 5일 + 처음 만나는 직업책 시리즈 & 일과 사람 시리즈 / 난 남달라

5월 8일 + 안 돼, 데이비드! / 괴물들이 사는 나라

5월 15일 + 우리 선생님은 괴물 & 우리 선생님이 최고야! / 지각대장 존 / 마틸다

5월 20일 + 살색은 다 달라요 / 샌드위치 바꿔 먹기 / 장벽: 세상에서 가장 긴 벽 /

거짓말 같은 이야기 / 아동 노동 / 난민

① 눈물바다

글·그림 서현
펴낸 곳 사계절

어른들과 마찬가지로 아이들도 스트레스를 받습니다. 제대로 해소하지 않으면 마음에 독이 되는, 감정의 찌꺼기가 쌓이는 것이지요. 밖에서 실컷 뛰놀고 나면 속 안에 쌓여 있던 부정적 감정들이 말끔히 해소될 텐데, 요즘 아이들에겐 이런 방법도 쉽지만은 않네요. 아이의 스트레스 지수가 높아졌다면 롤러코스터처럼 짜릿한 그림책을 손에 들려주세요. 초특급 블록버스터를 방불케 하는 그림책을 통해 건강한 카타르시스를 느낄 수 있도록 말이지요.

책 엿보기 ○

그런 날이 있습니다. 모든 게 제멋대로 꼬이고 좀처럼 마음대로 풀리지 않는 날. 모든 잘못의 화살이 나에게로 꽂히는 날. '머피의 법칙'처럼 뒤로 넘어져도 코가 깨지는 날.

이 책의 주인공에게도 오늘이 바로 그런 날입니다. 시험지엔 아는 문제가 하나도 없고, 학교생활의 꽃인 급식도 맛이 없습니다. 짝꿍이 먼저 놀려 약 올렸을 뿐인데 선생님은 주인공만 나무랍니다. 집에 가려는데 비까지 옵니다. 우산도 없는데 말이지요. 주인공의 수난은 집에서도 계속 됩니다. 결국, 참았던 눈물이 터지고 맙니다.

그런데 이때부터 주인공을 깜짝 놀라게 할 특급 반전이 시작됩니다. 주인공이 흘린 눈물이 거대한 바다가 되어 온 세상을 쓸어버린 것이지요. 얄미운 친구도, 벼락같이 싸우던 부모님도 모두 주인공의 눈물바다에 속절없이 떠내려 갑니다.

아비규환의 현장에서 침대에 올라탄 주인공은 이 아찔한 상황을 신나게 즐깁니다. 밉고 싫었던 존재들을 모조리 쓸어버리는 눈물바다. 주인공의 표정에선 짜릿한 전복의 쾌감이 느껴집니다. 평펑 울던 주인공이 눈물을 그치자 바다가 잔잔해집니다. 주인공은 말합니다. "시원하다, 후아!"

함께 읽을 땐 ○

그림책의 매력을 200% 발산하는 책입니다. 보는 이의 시선을 단박에 사로잡는 통쾌한 그림이 일품이지요. 이 책의 하이라이트는 모든 것을 집어 삼킬 듯 눈물바다가 거대한 파도를 일으키는 장면입니다. 묵은 체증이 한 번에 뻥 뚫리는 쾌감이 느껴지는 장면이지요. 산타, 스파이더맨, 인어공주, 심청이 등 친숙한 캐릭터들이 곳곳에 숨어 있으니 눈을 크게 뜨고 찾아 보세요!

이것만은 놓치지 마세요! ○

책장을 넘기며 주인공이 각각의 상황에서 어떤 기분이었을지 아이와 함께 이야기 나눠 보세요. 슬픔, 두려움, 외로움, 서러움 등 주인공이 느꼈을 법한 감정에 정확한 이름표를 달아주세요. 각기 다른 감정을 면밀히 들여다보고 이해하는 연습을 해보는 거지요. 이런 과정을 반복하다 보면 우리 아이 역시 자기 심리 상태를 정확히 파악하고 구체적으로 표현할 줄 알게 된답니다.

아이가 복합적인 감정으로 인해 힘들어 한다면 부모님이 먼저 아이의 감정을 정확히 읽어주세요. "엄마가 동생한테 양보하라고 해서 동생이 미웠어? 엄마에게도 섭섭했겠구나" 처럼 먼저 공감해 주시고 마음을 보듬어 주세요. 아이가 자기의 감정 상태를 파악하고 적절히 설명할 수 있을 때까지 곁에서 도와주고 기다려 주세요.

책을 읽은 후에는 ○

도대체 내 마음이 왜 이러는지, 혼란스러운 아이들은 울음이나 난폭한 행동으로 자기감정을 표출하곤 합니다. 이번 기회에 아이가 자주 느끼는 부정적 감정들을 함께 짚어 보세요. 그리고 어떻게 기분 전환을 할 수 있을지 아이와 구체적인 방법들을 떠올려 보세요.

아이들은 부모님이 큰 소리를 내며 싸울 때 매우 높은 수준의 스트레스를 느낀다고 합니다. 우리 아이에게도 물어봐 주세요. 어떨 때 스트레스를 가장 많이 받는지, 어떨 때 눈물이 날 정도로 마음이 아픈지. 그럴 때 엄마 아빠가 어떻게 도와줬으면 하는지도 꼭 물어보세요. 아이가 정서적으로 불안해하지 않도록 스트레스를 느낄 수 있는 부분은 최대한 줄여 주시는 게 좋겠지요?

색깔 카드로 마음을 표현하는 방법도 이용해 볼 수 있습니다. 축구 경기에서 경고나 퇴장 카드를 사용하는 것처럼요. 서로의 마음에 상처가 되는 말이나 행동이 오갈 때 카드를 이용해 보세요. 부모님은 잔소리를 효과적으로 줄일 수 있어 좋고, 아이는 엄마 아빠에게 자신의 마음 상태를 쉽게 알릴 수 있어 도움이 된답니다.

함께 읽으면 좋은 책 🔖

혹시 이런저런 이유를 대며 아이와 본인 스스로에게 이중 잣대를 적용하고 계시진 않나요? 아이들에겐 일찍 자라고 하면서 엄마 아빠는 밤늦게까지 TV를 보는 것처럼요. 사실 우리 아이들도 부모님께 하고 싶은 말이 아주 많을 거랍니다.

아이와 함께 《불만이 있어요》(글·그림 요시타케 신스케 / 봄나무)와 《이유가 있어요》(글·그림 요시타케 신스케 / 주니어김영사)를 읽어보세요. 이야기를 통해 서로에게 그럴 수밖에 없는 사정이 있었다는 걸 깨닫고 나면 무작정 화부터 내는 일은 줄어들 거랍니다.

책을 혼자 읽을 수 있는 아이에겐 《어른들은 왜 그래?》(글·그림 윌리엄 스타이그 / 비룡소)를 건네 주세요. 어른들의 이중적 태도를 아이들의 관점에서 신랄하게 풍자한 책이랍니다. 평소 부모님께 불만이 많은 아이라면 이 책을 여러 번 정독할지도 모릅니다. 읽고 나선 매우 흡족한 미소를 지으며 이렇게 말하겠지요. "어른들은 왜 그래?" 그럴 땐 그저 환하게 웃어 주세요.

❷ 주인공은 너야

글	마크 패롯
그림	에바 알머슨
옮긴이	성초림
펴낸 곳	웅진주니어

5월 5일은 모든 아이들이 손꼽아 기다리는 '어린이날'입니다. 일 년에 한 번 찾아오는 신나는 날, 우리 아이들이 주인공이 되는 특별한 날이지요. 이번 어린이날엔 아이와 함께 꿈에 대한 이야기를 나눠 보면 어떨까요? 미래를 설계하는 데 도움이 될 책들을 읽으며 아이의 꿈을 열렬히 응원해 주세요.

책 엿보기 ○

이 책엔 다양한 직업을 가진 사람들이 등장합니다. 멋진 글로 영화나 연극 속 이야기를 지어내는 작가, 바늘과 실로 최신 유행을 만들어내는 디자이너, 웃음과 눈물로 관객을 감동시키는 배우……. 새로운 것을 창조해내는 사람들의 이야기가 책장 가득 담겨 있습니다.

행복을 그리는 화가 에바 알마슨의 작품이 어우러져 더욱 사랑스러운 그림책입니다. 전문가들이 아이들에게 해주는 애정 어린 조언처럼 이야기 역시 다정다감합니다. 밝고 따뜻하게 어린 독자들을 직업의 세계로 안내하는 그림책. 직업적 영감을 불러일으킬 이 책을 어린이날 선물처럼 아이에게 읽어 주세요.

함께 읽을 땐 ○

작가, 프로듀서, 배우 등 다양한 직업들이 책에 소개됩니다. 이야기를 읽고 아이와 각 직업들의 장점과 특징에 대해 이야기 나눠 보세요. 이 직업들과 유사한 직업에는 어떤 것들이 있는지, 책에 등장하는 직업들 외에 어떤 직업에 대해 알고 있는지 아이에게 지식을 뽐낼 기회를 줘 보세요. 아이의 설명이 끝나면 꿀처럼 달콤한 칭찬 한 마디를 건네보세요. "네 이야기가 책으로 나오는 날을 손꼽아 기다릴게!"라고요.

이것만은 놓치지 마세요! ○

책에 소개된 직업들에는 한 가지 공통점이 있습니다. 바로 새로운 것을 창조하는 일이란 점이지요. 위대한 상상력과 창의력을 가진 발명가, 과학자, 예술가들을 떠올리며 창조적인 사람들이 어떻게 세상을 바꾸는지 함께 생각해 보세요. 아이폰을 만든 스티브 잡스, 《해리포터》를 쓴 조앤 K. 롤링처럼 전 세계에 큰 영향력을 끼친 인물들에 대해서도 이야기 나눠 보세요.

아이에게 어떤 사람이 되고 싶은지도 물어보세요. 어떤 직업을 갖고 싶은지, 사람들에게 어떤 영향을 미치고 싶은지, 그 일을 통해 궁극적으로 이루고 싶은 목표는 무엇인지 구체적으로 묻고 귀 기울여 주세요. 아이가 폭넓은 관점에서 자신의 꿈을 바라볼 수 있도록 다양한 질문을 던져 주세요.

책을 읽은 후에는 ○

목표가 정확하고 구체적일수록 달성 가능성이 높아진다고 합니다. 아이와 함께 책을 읽고 미래를 위한 '꿈의 지도'를 그려보세요. 꿈이 많은 아이라면 우선순위를 정하도록 이끌어주세요. 아이가 자신의 재능과 흥미를 기준으로 꿈의 선호도를 판단할 수 있도록 곁에서 도와주시는 게 좋습니다.

우선순위를 정했다면 꿈을 이루기 위해서 무엇이 필요한지 자격이나 기준 같은 구체적인 정보를 찾아보세요. 그리고 아이가 이해하기 쉽게 설명해 주세요. 꿈을 이루기 위해 매일, 매년 어떤 노력을 기울이면 좋을지 현실성 있는 목표를 정해 실천하도록 이끌어 주세요. 매년 꿈의 목록을 확인하고 수정하는 과정을 반복하면 목표를 달성하는 데 큰 도움이 될 거랍니다.

반면 꿈이 없다고 말하는 아이들도 있습니다. 그럴 땐 아이와 함께 꿈의 의미에 대해 정의 내려 보세요. '어른이 됐을 때 하고 싶은 일'이나 '오랜 시간 집중해 즐겁게 할 수 있는 일'처럼 아이가 이해하기 쉬운 단어들로 꿈을 구체화해보는 것이지요. 이렇게 하면 아이가 훨씬 더 편안하게 자신의 생각을 확장시킬 수 있습니다. 아이가 관심 있어 하는 분야의 직업들을 찾아 알려주시고, 유명한 인물을 롤 모델로 세워 주는 것도 좋은 방법입니다. 직업 관련 체험 활동에 참여해 보는 것도 꿈을 찾는 방법이 될 수 있습니다.

아직 어린 아이들이기 때문에 꿈이 수시로 바뀌기도 하고, 없던 꿈이 생기기도 합니다. 아이들이 다양한 방면에 호기심을 갖고 꾸준히 자신의 진로를 탐색할 수 있도록 뜨거운 응원과 지지, 잊지 마세요.

함께 읽으면 좋은 책

아이가 자신의 관심 분야를 찾을 수 있도록 다양한 형식의 직업 정보책을 꾸준히 제공해 주세요. '처음 만나는 직업책' 시리즈(미세기)는 직업별 장단점과 하는 일, 사회적 의미 등을 정보 위주로 알차게 전달해 줍니다. '일과 사람' 시리즈(사계절)는 개성 있는 인물과 유쾌한 이야기를 통해 재미있게 직업을 소개해 주지요. 아이가 자기 꿈을 구체화해 나갈 수 있도록 선호하는 형식의 지식 정보책을 꾸준히 접하게 이끌어 주세요.

주관이 뚜렷한 사람이 되도록 '나다움'을 일깨우는 책도 권해 주세요. 《난 남달라》(글·그림 김준영 / 국민서관)는 관습적 사고와 통념을 무너뜨리는 유쾌한 그림책입니다. '남들처럼'이 아닌 '나답게'를 외치는 꼬마 펭귄이 고정관념에 빠진 펭귄 사회를 얼마나 멋지게 변화시키는지 즐겁게 따라가 보세요.

❸ 고함쟁이 엄마

글·그림　유타 바우어
옮긴이　이현정
펴낸 곳　비룡소

엄마와 아이는 참 복잡 미묘한 사이입니다. 서로를 누구보다 사랑하지만 때론 회복하기 힘들 만큼 깊은 상처를 주기도 하지요. 상처는 시간이 지나면 아물기 마련입니다. 하지만 아주 가끔은 사라지지 않는 흉터를 남기기도 하지요. 이 책은 엄마와 아이 모두에게 큰 울림을 남길, 가슴 찡한 그림책이랍니다.

책 엿보기　○

　　먼저 표지부터 살펴보세요. 아기 펭귄이 엄마 펭귄의 손을 잡고 걸어갑니다. 뒤돌아 선 엄마 펭귄의 표정은 알 수 없지만 아기 펭귄은 무척 신이 나 보이네요. 그런데 책장을 넘기자마자 엄마 펭귄이 무서운 표정으로 아기 펭귄에게 꽥 소리를 지릅니다. 왕방울만 하게 커진 눈, 얼음처럼 뻣뻣하게 굳은 몸. 아기 펭귄의 몸은 산산조각 난 유리처럼 세상 곳곳에 흩어집니다. 머리는 저 멀리 우주까지 날아가 버리지요.

　　아기 펭귄의 흩어진 몸은 좀처럼 하나가 되지 못합니다. 두 발이 몸을 찾아 여기저기 헤매고 다니지만 두 눈이 머리와 함께 우주로 날아가 버린 탓에 아무것도 볼 수 없지요. 소리를 지르고 싶어도 입이 없어서, 훨훨 날아가고 싶어도 날개를 잃어버려서 아기 펭귄은 아무것도 할 수 없습니다.

　　아기 펭귄의 두 발은 몹시 지친 상태로 사하라 사막에 도착합니다. 그때 사막 위로 커다란 그림자가 나타나지요. 아기 펭귄의 몸을 하나씩 찾아 돌아온 엄마 펭귄입니다. 엄마 펭귄이 아기 펭귄에게 말합니다. 보통의 엄마들이 쉽게 하지 못하는, 그 한마디를요.

함께 읽을 땐 ○

책을 읽으며 아이와 함께 생각해 보세요. 아기 펭귄의 머리가 왜 우주로 날아갔는지, 두 다리는 왜 사막에 떨어졌는지. 아이가 아기 펭귄이 되어 상상해 볼 수 있도록 엄마가 천천히 질문해 주세요. 평소 드러나지 않았던 아이의 진심이 답변 속에 녹아 있을 수 있습니다. 대화를 통해 아이의 마음을 위로하고 따뜻하게 어루만져 주세요.

이것만은 놓치지 마세요! ○

아이들은 엄마를 지구에서 하나뿐인 내 편, 세상에서 나를 가장 사랑하는 사람으로 여깁니다. 아무리 엄마가 혼을 내고 잔소리를 해도 돌아서면 언제 그랬냐는 듯 배시시 웃으며 품속을 파고들지요.

그런데 다정하게 손을 잡아주던 엄마가 별안간 예고도 없이 화를 낸다면, 아이들은 아기 펭귄처럼 온몸이 부서지는 듯한 아픔을 느끼게 될 겁니다. 산산조각 나 흩어져 버린 아기 펭귄의 몸은 우리 아이들이 느끼는 심리적 고통을 상징적으로 보여주는 것일 테지요.

아이들은 스스로의 감정을 조절하고 치유하는 데 미숙합니다. 아무리 자기가 큰 잘못을 했어도 불같이 화를 내는 엄마를 보면 섭섭함과 야속함을 먼저 느끼게 되지요. 함께 책을 읽으며 아이에게 정확히 설명해 주세요. 엄마가 널 혼내는 이유는 미워서가 아니라 잘못된 행동을 했기 때문이라고요. 널 사랑하는 엄마의 마음은 언제나 변함이 없다고요. 혹 아이에게 감정적으로 대한 적이 있다면 이번 기회를 통해 엄마 펭귄처럼 멋지게 사과해 보세요. 사랑하는 마음을 듬뿍 담아서요.

아이들은 이 책을 읽으며 따뜻한 위로를 받을 것입니다. 자기 마음을 헤아려 주고 공감해 주는 책에 고마움을 느낄지도 모릅니다. 그리고 깨달을 테지요. 고함쟁이 엄마라도, 엄마는 진짜 날 사랑한다는 사실을요.

책을 읽은 후에는 ○

미안할 때, 애정을 표현하고 싶을 때 서로에게 해주고 싶은 말을 종이에 적어 눈에 띄는 곳에 붙여 놓으세요. 그리고 화가 날 때마다, 서로가 미울 때마다 이 종이를 들여다보세요. 마음을 안정시키는 좋은 약이 되어 줄 거랍니다.

함께 읽으면 좋은 책

엄마를 화나게 하려고 일부러 말썽을 피우는 아이는 없습니다. 그저 실수가 많을 뿐이지요.《안 돼, 데이비드!》(글·그림 데이빗 섀논 / 주니어김영사)에는 우리 아이들의 이런 모습이 그대로 담겨 있습니다. 온갖 말썽으로 매일 혼이 나는 우리 아이에게 슬쩍 이 책을 건네주세요. '그래도 엄마는 널 사랑해'라는 메시지를 보며 아이들은 정서적 만족감을 느낄 거랍니다.

《괴물들이 사는 나라》(글·그림 모리스 샌닥 / 시공주니어) 주인공 맥스는 엄마에게 혼이 난 뒤 거친 말을 내뱉고 아예 집을 떠나 버리지요. 낯선 세계에서 괴물들과 어울려 신나게 노는 맥스는 왕이 되어 괴물들 위에 군림합니다. 잔소리하는 엄마도, 지켜야 할 예절이나 규칙도 없는 지상 최고의 낙원. 하지만 맥스는 다시 집으로 돌아갈 결심을 합니다. 엄마의 저녁밥이 기다리는 곳은 '집'밖에 없다는 사실을 잘 알기 때문이지요. 이 책은 환상적인 모험으로 아이들에게 묘한 쾌감을 주는 동시에 엄마의 애틋한 사랑을 잘 보여줍니다. "저녁밥은 아직도 따뜻했어." 엄마의 사랑이 가득 담긴 마지막 문장은 이 책의 백미입니다.

④ 점

글·그림   피터 레이놀즈
옮긴이   김지효
펴낸곳   문학동네

선생님은 아이들의 무한한 가능성을 현실로 이끌어내는 위대한 존재입니다. 선생님의 작은 관심과 격려만으로도 아이들은 180도 달라지곤 하지요. 선생님의 은혜를 떠올리며 참 스승의 모습이 담긴 그림책을 읽어보세요.

책 엿보기 ○

어른이나 아이나 잘하고 싶은 마음은 다 똑같을 겁니다. 누구나 주변 사람들에게 인정받고 칭찬받고 싶어 하지요. 하지만 매번 일이 술술 풀리지는 않습니다. 특히나 다른 사람들은 잘 해내는 일을 나 혼자만 하지 못할 때, 당황스럽고 창피해서 결국엔 화가 나기도 할 겁니다. 우리의 주인공 베티처럼 말이지요.

모두가 떠난 미술실에서 베티는 빈 도화지를 앞에 두고 뾰로통하게 앉아 있습니다. 선생님의 재치 있는 유머도 꽁꽁 얼어버린 베티의 마음을 녹이지는 못하지요. 심술이 있는 대로 난 베티에게 선생님은 그리기를 강요하지 않습니다. 외려 베티가 홧김에 찍은 '점' 하나를 '작품'으로 인정해 주고, 그 밑에 이름을 쓰게 합니다. 무언가에 내 이름을 건다는 것. 선생님의 기지가 베티의 태도를 바꿉니다.

이후 베티는 더 멋진 점을 그리기 위해 새로운 시도를 해나갑니다. 한 번도 써 보지 않은 물감을 꺼내고 색을 섞고, 크고 작은 점들을 그려 나가며 자기만의 예술 세계를 창조해 갑니다. 미술 시간을 끔찍하게 싫어했던 베티는 훌륭한 예술가로 변신합니다. 그리고 자신이 얻은 깨달음을 다른 친구에게 전수해 주지요. 이 이야기의 진짜 주인공은 격려와 배려로 베티를 바꾼 선생님일지도 모릅니다.

함께 읽을 땐 ○

책을 읽으며 베티의 표정 변화를 눈여겨보세요. 이야기 초반 잔뜩 화가 난 베티의 얼굴에선 자기에 대한 실망과 선생님에 대한 원망이 고스란히 엿보입니다. 심통 가득했던 베티의 표정은 그러나 선생님의 인정을 받은 뒤부터 서서히 달라지기 시작하지요. 베티의 변화를 보며 못한다고 지레 포기했던 적은 없는지, 하기 싫다고 외면해 버린 적은 없는지 아이와 함께 이야기 나눠 보세요. 원치 않는 상황이 닥쳤을 때 회피하거나 화를 내기보다 베티처럼 점 하나라도 찍어 보자고, 아이를 격려해 주세요.

이것만은 놓치지 마세요! ○

베티의 그림은 실행의 힘을 상기시켜 줍니다. 점 하나라도 찍느냐, 백지 상태로 방치하느냐는 하늘과 땅만큼 큰 차이가 있으니까요. 분명 우리 아이들도 베티와 같은 경험을 한 적이 있을 겁니다. 뭐든 하기 싫어하는 아이, 소심하고 자신감 없는 아이에게 이 책을 자주 읽어 주세요. '너도 할 수 있어!'라는 응원의 메세지를 담아서요.

책을 읽은 후에는 ○

스스로 해냈다는 성취감은 아이의 내적 성장을 이끄는 원동력이 됩니다. 크고 작은 성공 경험은 자신감의 바탕이 되지요. 비록 보잘것없는 점 하나에 불과할지라도 한 번 성취감과 자신감을 맛본 아이는 무서운 기세로 관심 분야를 파고듭니다.

우리 아이들에게도 베티처럼 성공의 기쁨을 맛볼 기회를 제공해 주세요. 이야기 속 선생님처럼 아이가 그린 그림을 모아 거실 전시회를 열어 보는 건 어떨까요? 악기를 배우는 아이라면 연주 실력을 뽐낼 수 있도록 우리만의 가족 음악회를 열어 보세요.

함께 읽으면 좋은 책

우리 아이들은 선생님을 어떻게 생각하고 있을까요? 아이들의 눈을 통해 바라본 선생님의 모습을 흥미진진하게 그려낸 책《우리 선생님은 괴물》(글 마이크 탈러·그림 자레드 리 / 보물창고)과《우리 선생님이 최고야!》(글·그림 케빈 헹크스 / 비룡소)를 함께 읽어보세요. 독후 활동으로 '우리 선생님이 더 좋아!' 또는 '우리 선생님은 코뿔소' 같은 이야기를 만들어 보면 더욱 재미있을 거랍니다. (선생님의 특징을 극대화해서 표현하는 게 핵심입니다!)

물론 가끔은《지각대장 존》(글·그림 존 버닝햄 / 비룡소)의 선생님처럼 엄격하고 융통성 없는 분을 만날 수도 있겠지요. (학생에 대한 존중과 배려라곤 눈곱만큼도 없는 선생님이 어떤 최후를 맞게 되는지 책으로 꼭 확인해 보세요.) 그래도 상심하긴 이릅니다.《마틸다》(글 로알드 달·그림 퀸틴 블레이크 / 시공주니어)의 하니 선생님 같은 분들이 세상엔 더 많으니까요. 이름처럼 다정한 하니 선생님은 아이들이 자기만의 가능성을 꽃피울 수 있도록 헌신적으로 노력하는 분입니다. 제법 두꺼운 책이지만 환상적인 재미와 감동이 가득한 책인 만큼 아이와 꼭 한 번 읽어보시길 바랍니다.

⑤ 세계와 만나는 그림책

글	무라타 히로코
그림	테즈카 아케미
옮긴이	강인
펴낸 곳	사계절

5월 20일은 '세계인의 날'입니다. 다양한 민족과 문화권의 사람들을 이해하고 함께 어울려 사는 삶을 위해 제정된 날이지요. 지구가 '마을'이 된 세계화 시대, 우리 아이들에게 더 넓은 세상을 보여주세요. 책과 지구본만 있다면 집 안에서도 세계 여행이 가능하답니다.

책 엿보기 ○

이 책은 세계 여러 나라의 독특한 문화와 풍습을 주제별로 정리해 보여줍니다. 나라별 민속 의상과 전통 음식, 독특한 주거 형태와 생활용품, 신기한 교통수단과 화려한 축제까지. 보다 보면 시간가는 줄 모르고 빠져드는 흥미로운 책입니다.

네덜란드의 하우스 보트, 미국의 뱀 통조림처럼 낯선 이국의 문화는 아이들의 호기심을 콕콕 자극합니다. 잼이 가득한 별모양 과자(크로아티아), 인형이 든 케이크(프랑스) 등 세계 여러 나라의 간식은 입안 가득 군침이 돌게 하지요. 코끼리 택시(인도), 바나나 나무껍질 미끄럼틀(마다가스카르)을 보고 나면 당장 그 나라로 여행을 떠나고 싶어진답니다.

좋아하는 음악도, 사용하는 언어도 각기 다른 세계 여러 나라 사람들. 아이들은 이 책을 통해 다양성의 의미와 가치를 깨닫게 될 것입니다.

함께 읽을 땐 ○

표지를 넘기면 세계 지도가 눈앞에 펼쳐집니다. 우리나라가 어디에 있는지, 우리나라의 이웃엔 어떤 나라들이 있는지 아이와 함께 확인해 보세요. 여러 나라의 문화를 살펴보며 마음에 드는 옷, 가보고 싶은 축제 등을 꼽아 보세요. 우리와 비슷한 음식을 먹는 나라가 있는지, 유사한 놀이와 운동을 즐기는 나라는 어디인지 비교하며 읽으면 더욱 재미있답니다.

이것만은 놓치지 마세요! ○

책에서 다른 나라의 낯선 풍습이나 생활방식을 발견할 때마다 아이에게 설명해 주세요. 역사적 배경과 지리적 조건, 종교적 신념 등에 기반해 저마다 오늘과 같은 문화와 풍습을 가지게 된 거라고요. 그러니 우리와 다르다는 이유로 특정 문화를 무시하거나 함부로 평가해서는 안 된다고요. 이번 기회를 통해 '다름'은 우열이나 차별의 근거가 될 수 없다는 점을 아이에게 확실히 일깨워 주세요.

책을 읽은 후에는 ○

책을 읽고 '별별 나라 퀴즈 대회'를 열어 보세요. 승부를 겨루는 놀이를 활용하면 더욱 재미있게 지식을 쌓을 수 있답니다.

독서기록장을 쓰는 초등 저학년이라면 책을 읽고 '내가 가고 싶은 나라'를 주제로 짧은 글을 써볼 수 있습니다. '별별 여행사' 가이드가 되어 여행 상품을 기획하거나 다른 나라 친구들에게 우리 문화를 알리는 포스터를 제작해 볼 수도 있습니다.

함께 읽으면 좋은 책

《살색은 다 달라요》(글·그림 캐런 카츠 / 보물창고)는 피부색을 통해 다양한 인종과 문화를 이해하도록 돕는 그림책입니다. 서로 다른 피부색을 가진 친구와 이웃에게서 각기 다른 아름다움을 발견하는 주인공처럼 우리 아이들도 이 책을 통해 다름을 긍정적으로 바라보는 자세를 배우게 될 것입니다.

다름에 대한 이해와 수용의 가치를 담은 그림책《샌드위치 바꿔 먹기》(글 라니아 알 압둘라 왕비, 켈리 디푸치오·그림 트리샤 투사 / 보물창고)와 화합과 어울림의 의미를 상징적으로 전하는 《장벽: 세상에서 가장 긴 벽》(글 잔카를로 마크리, 카롤리나 차노티·그림 마우로 사코, 엘리사 발라리노 / 내인생의책)도 일독을 권합니다.

이번엔 결이 좀 다른 책을 읽어볼까요?《거짓말 같은 이야기》(글·그림 강경수 / 시공주니어)는 지구촌에서 벌어지는 불행한 일들을 엮어 놓은 그림책입니다. 주인공 솔이가 장난감을 가지고 놀 때 키르기스스탄에 사는 하산은 지하 갱도에서 50킬로그램이 넘는 석탄을 실어 올립니다. 인도에 사는 파니어는 하루 열네 시간씩 공장에서 일하며 가족의 빚을 갚고요. 루마니아에 사는 엘레나는 삼 년째 거리에서 생활하고 있습니다.

누군가에겐 행복한 하루가 누군가에겐 전쟁 같을 수 있다는 이야기는 결코 거짓말이 아닙니다. '세계 시민 수업' 시리즈(풀빛)의《아동 노동》이나《난민》과 같은 책을 살펴보면 더욱 구체적으로 이 사실을 알 수 있지요. 내가 누리는 보통의 하루가 누군가에겐 꿈같은 일이 될 수 있다는 점을 아이들에게도 일깨워 주세요.

그림책 테라피
치유의 책 읽기

어버이날만큼은 아이들 말고 부모님을 위한 책을 읽어보세요. 팍팍한 삶에 위로가 될 그림책, 메마른 가슴에 감성을 심어줄 이야기들을 특별히 골라서요. 연습 없이 올라선 '부모'라는 자리가 어렵고 힘들게 느껴질 때마다 책에 기대 울고 웃으며 치유의 시간을 가져보세요. 각자의 자리에서 치열하게 살고 계신 부모님들을 위해 그림책 몇 권을 소개합니다. 이야기가 전하는 묵직한 감동이 여러분의 삶에 큰 힘이 되길 진심으로 바라 봅니다.

① 부모라는 이름으로

《나의 엄마》와 《나의 아버지》(글·그림 강경수 / 그림책공작소)는 쌍둥이 같은 책입니다. 부모님과의 추억을 떠올리게 하는 감동적인 이야기들이지요.

《나의 엄마》를 읽고 나면 눈시울이 뜨거워질지도 모릅니다. 엄마의 보살핌을 받던 어린 소녀가 한 아이의 엄마가 되는 모습이 우리가 걸어온 시간들과 꼭 닮아 있기 때문이지요. 그 길고 오랜 시간이 '엄마'라는 한 단어로 그려질 수 있는 건 엄마라는 존재가 세상 무엇보다 크고 위대하기 때문일 겁니다. 나의 엄마와 엄마로서의 나의 모습을 뒤돌아보게 하는 책. 회한과 희망이 동시에 교차하는 뭉클한 그림책입니다.

《나의 아버지》역시 우리에게 뜨거운 감동을 선사합니다. 아이가 처음으로 두 발 자전거를 탈 때, 수영을 배울 때, 하늘 높이 연을 날릴 때…… 불가능해 보였던 수많은 일들이 아빠와 함께라면 기적처럼 모두 이루어집니다. 아빠는 아이에게 세상 하나뿐인 최고의 '슈퍼맨'이기 때문이지요. 그런 슈퍼맨도 못하는 게 딱 하나 있습니다. 바로 세월의 무게를 견디는 일이지요. 처진 어깨로 힘 없이 앉아 계신 아버지의 모습은 벌어진 상처처럼 아프게 다가옵니다.

인생이라는 시계는 절대 멈추지 않습니다. 어쩌면 아이의 유년기는 우리가 부모로서 최선을 다할 수 있는 처음이자 마지막 기회인지도 모릅니다. 곁에서 놀아달라고 조르는 아이에게 "아빠 못하는 게 없어!"라고 말해 주세요. 그림책 속 아빠와 아이처럼 함께 자전거를 타고 연날리기를 하면서요.

바쁜 업무에 가장으로서의 책임감까지, 어깨를 짓누르는 부담감에 다리가 휘청거려도 아빠를 최고의 영웅으로 우러러보는 아이들을 보며 힘내시길 바랍니다.

② **우리의 이름은 '가족'입니다.**

《딸은 좋다》(글 채인선·그림 김은정 / 한울림어린이)는 고이 간직하고픈 사진첩 같은 그림책입니다. 주변 어르신들이 '엄마한텐 딸이 있어야 한다'는 말을 왜 그렇게 자주 하셨는지 이 책을 보면 바로 이해가 간답니다. 나란히 누워 얇게 저민 오이를 서로의 얼굴에 올려주는 사이. 딸과 엄마는 바로 그런 사이가 아닐까요. 이 책과 함께 《엄마는 좋다》(글 채인선·그림 김선진 / 한울림어린이)도 읽어보세요. 주옥같은 엄마 예찬을 읽고 나면 저절로 어깨가 으쓱 올라갈 거랍니다.

먼 훗날, 아이에게 편지처럼 건네고 싶은 그림책 《언젠가 너도》(글 앨리슨 맥기·그림 피터 레이놀즈 / 문학동네)도 추천합니다. 한 편의 영화처럼 흘러가는 부모의 삶이 마음속에 긴 여운을 남긴답니다.

6월

책을 읽으면 세상이 보인다!

'환경과 역사'를 생각하는 책 모음

6월은 환경의 달입니다. 환경 문제에 대한 경각심을 불러일으킬 다양한 책들을 읽으며 자연을 지킬 수 있는 바른 생활습관에 대해 이야기 나눠 보세요.

또한 6월은 호국보훈의 달이기도 하지요. 국난의 역사와 분단의 아픔을 배울 수 있는 책들을 찾아 읽고 나라를 위해 희생하신 분들의 넋을 기려보세요. 책을 읽고 서울 용산에 위치한 전쟁기념관, 강원도 고성의 DMZ 박물관 등을 찾아가 본다면 더 뜻 깊은 한 달을 보낼 수 있을 겁니다.

역사와 환경은 우리 아이들이 꼭 배워야 할 매우 중요한 주제입니다. 과거를 바로 알아야 지난날의 과오를 반복하지 않고 새 미래를 쓸 수 있기 때문이지요. 또 환경오염의 실태와 심각성을 깨달아야 환경 보존을 위한 방법을 찾고 적극적으로 실천하는 삶을 살 수 있습니다.

세상은 아는 만큼 보이는 법입니다. 더 넓게 보고 깊이 깨닫는 아이들이 될 수 있도록 이번 달엔 환경과 역사에 대한 책을 공들여 읽어보세요.

6월

일요일	월요일	화요일	수요일	목요일	금요일	토요일
		1	2	3	4	5 환경의 날·망종
6 현충일	7	8	9	10	11	12
13	14 단오	15	16	17	18	19
20	21 하지	22	23	24	25 6·25 한국전쟁	26
27	28	29	30			

책을 읽으면 세상이 보인다! '환경과 역사'를 생각하는 책 모음

6월 1일 + 거인에 맞선 소녀, 그레타 / 북극곰이 녹아요

6월 5일 + 바다를 병들게 하는 플라스틱 / 똥으로 종이를 만드는 코끼리 아저씨

6월 6일 + 여섯 사람 / 싸움에 관한 위대한 책 / 전쟁을 평화로 바꾸는 방법

6월 14일 + 명절 속에 숨은 우리 과학

6월 25일 + 기차 / 전쟁기념관: 민족의 아픔을 안고 평화 통일의 시대로

① 늑대를 잡으러 간 빨간 모자

글·그림   미니 그레이
옮긴이   신수진
펴낸 곳   모래알

우리는 환경의 영향을 받으며 살아가면서도 환경오염이나 훼손 문제에 대해선 대수롭지 않게 반응합니다. 지구 온난화 같은 환경 문제들이 우리의 생존을 위협할 수 있는데도 말이지요. 아이와 함께 환경을 주제로 한 책들을 읽으며 현재 우리 주변에 어떤 심각한 변화가 일어나고 있는지 깨닫는 시간을 가져보세요.

책 엿보기 ○

화창한 어느 날 오후 빨간 모자가 늑대를 잡으러 숲으로 향합니다. 장난감 총과 도시락을 챙겨 들고 말이지요. 지난 백 년간, 한 번도 나타난 적 없는 늑대. 그 늑대를 찾기 위해 빨간 모자는 숲속을 샅샅이 뒤지며 앞으로 나아갑니다.

우여곡절 끝에 커다란 나무집에 도착한 빨간 모자는 이 땅에 딱 한 마리밖에 남지 않은 늑대와 스라소니, 곰을 만나게 됩니다. 그리고 지금껏 알지 못했던 안타까운 사연을 듣게 되지요.

집으로 돌아온 빨간 모자는 더 이상 늑대를 잡으려 하지 않습니다. 오히려 늑대를 지키기 위해 '작전'을 짜기 시작하지요. 스릴과 반전, 그 뒤에 이어지는 깨달음까지 환경에 대해 깊이 생각케 하는 의미 있는 수작입니다.

함께 읽을 땐 ○

그림을 꼼꼼히 살펴보세요. 등골을 오싹하게 하는 눈 모양 콜라주, 찾으셨나요? 늑대를 연상시키는 검은 그림자는 주제를 암시하는 중요한 복선입니다. 그림 속 숨은 단서들을 연결해 가며 아이와 함께 결말을 예측해 보세요.

이것만은 놓치지 마세요! ○

늑대, 스라소니, 곰은 멸종 위기에 처한 동물들을 대변합니다. 커다란 집들에 둘러싸인 작은 숲은 파괴된 산림을 은유적으로 보여주지요. 인간이 자연에 어떤 부정적 영향을 미치는지, 그로 인해 동물들이 얼마나 큰 고통을 겪고 있는지 아이와 함께 이야기 나눠 보세요. 계속해서 숲이 파괴된다면 어떤 결과가 초래될지 생각해 보는 시간도 가져보세요.

책을 읽은 후에는 ○

현재 어떤 동물들이 멸종 위기에 처해 있는지 아이와 함께 동물에 대한 책과 다큐멘터리를 찾아보세요. 그리고 빨간 모자처럼 위기에 처한 동물들을 위해 우리가 할 수 있는 일들을 계획하고 실행에 옮겨 보세요. 하고자 하는 의지만 있다면 우리도 자연과 동물을 살리는 데 큰 도움이 될 수 있답니다.

함께 읽으면 좋은 책 🔖

현대판 빨간 모자, 그레타 툰베리의 이야기를 읽어보세요. 그레타는 매주 금요일 '기후를 위한 학교 파업'이란 1인 시위를 벌여 전 세계에 기후 변화의 심각성을 알린 청소년 환경 운동가랍니다. 그레타의 영향으로 세계 수백만 명의 학생들이 금요일마다 등교를 거부하고 동조 시위를 벌이며 세계인의 각성을 촉구했습니다. 작은 소녀의 용기 있는 행동이 기후 변화에 대한 전지구적 관심을 불러일으킨 것이지요.

상징적 비유가 돋보이는 그림책《거인에 맞선 소녀, 그레타》(글 조위 터커 · 그림 조이 페르시코 / 토토북)를 먼저 읽고, 더 관심이 생긴다면《그레타 툰베리: 지구를 구하는 십 대 환경 운동가》(글 발렌티나 카메리니 · 그림 베로니카 베치 카라텔로 / 주니어김영사)를 추가로 읽어보세요. "큰 일을 하는 데 너는 결코 작지 않다"는 그레타의 말은 우리 아이들에게도 큰 영감을 불러일으킬 것입니다.

동물들의 삶에 기후 변화가 얼마나 큰 위협이 되는지 알고 싶다면 환경 그림책《북극곰이 녹아요》(글 박종진 · 그림 이주미 / 키즈엠)를 읽어보세요. 지구 온난화로 서식지를 잃고 죽어가는 북극곰의 현실이 상징적으로 묘사돼 있는 작품입니다. 얼음 위에 북극곰을 그리는 화가 능소니의 모습은 우리에게 큰 깨달음을 안겨준답니다.

❷ 내가 조금 불편하면 세상은 초록이 돼요

글　　　김소희
그림　　정은희
펴낸 곳　토토북

6월 5일 환경의 날을 맞아 자연을 아끼고 보전하는 방법들을 실천해 보세요. 우리가 바꾼 작은 습관 하나가 지구의 미래를 변화시킬 수 있답니다. 《내가 조금 불편하면 세상은 초록이 돼요》란 책 제목처럼 지구를 지키는 일은 조금 불편할 뿐 어려운 일은 아니랍니다.

책 엿보기　○

이 책에는 건강한 지구를 만드는 50가지 방법이 나옵니다. 물을 아껴 쓰는 법부터 쓰레기 줄이는 법, 자원을 절약하는 법, 친환경 소비자가 되는 법까지 가족 모두가 동참할 수 있는 생활방식들이 구체적으로 제시됩니다.

이 책은 목욕한 물로 화초에 물주기, 쓸데없는 우편물 거절하기처럼 우리의 작은 노력이 환경보호의 시작이 될 수 있음을 보여줍니다. 음료수 캔, 선물 포장지처럼 우리가 알게 모르게 만들어내는 쓰레기가 얼마나 많은지, 이런 일회용품이 썩는 데 얼마나 오랜 시간이 걸리는지 경각심을 일깨우는 정보들도 가득합니다. 종이컵 대신 개인 컵 쓰기, 먹을 만큼만 음식 받기, 필요 없는 물건은 친구와 바꿔 쓰기 등 우리 아이들이 실천해 볼 수 있는 방법들도 적지 않습니다. 이 외에도 물의 순환, 석유 생성 과정, 에너지 효율, 녹색 상품처럼 아이들이 꼭 알아야 할 환경 상식들도 풍부하게 담겨 있습니다. 책을 읽고 환경 친화적 습관들을 꾸준히 실천한다면 우리 모두가 환경 운동가로 거듭나게 될 것입니다.

함께 읽을 땐 ○

이야기 중간중간 물 지도 그리기, 자연에서 장난감 찾기 등 아이와 함께 할 수 있는 다양한 활동들이 소개됩니다. 아이가 원하는 활동이 있다면 잠깐 읽기를 멈추고 놀이처럼 신나게 즐겨보세요.

이것만은 놓치지 마세요! ○

눈으로 읽는 것보다 직접 행동하고 실천하는 게 더 중요한 책입니다. 무심코 낭비하는 자원은 없는지, 몇 번 가지고 놀다 방치한 장난감은 없는지 아이와 함께 집안 곳곳을 살피고 친환경적으로 바꾸는 시간을 가져보세요.

책을 읽은 후에는 ○

이야기 속 주인공처럼 환경 일기를 써보세요. 햄버거나 컵라면 대신 몸에 좋은 음식을 먹었을 때, 사용하지 않은 가전제품의 플러그를 뽑았을 때처럼 환경을 위해 노력한 일들을 꾸준히 기록해 보세요. 환경 문제에 대한 신문기사를 스크랩하거나 나만의 멸종 동물 사전을 만들어 보는 활동도 자연에 대한 애정을 키우는 데 도움이 된답니다.

함께 읽으면 좋은 책 🔖

《바다를 병들게 하는 플라스틱》(글 시르스티 블롬, 예이르 빙 가브리엘센 / 생각하는책상)에는 무분별하게 버려진 플라스틱으로 인해 목숨을 잃은 동물들의 사진이 실려 있습니다. 죽은 갈매기의 위에서 발견된 플라스틱 조각들, 그물에 걸린 바다표범, 밧줄에 감겨 피를 흘리는 순록……. 고통 받는 동물들의 모습은 환경을 파괴하는 인간의 이기심을 적나라하게 드러냅니다. 동물들의 삶이 위협받는 공간에선 인간도 안전하게 살 수 없다는 걸 깨닫게 하는 의미심장한 책입니다.

《똥으로 종이를 만드는 코끼리 아저씨》(글 투시타 라나싱헤 · 그림 로샨 마르티스 / 책공장더불어) 는 특별한 책입니다. 진짜 코끼리 똥으로 만들어진 책이거든요. 손으로 종이의 질감을 느껴 보고 냄새도 맡아 보세요. 아이들이 무척 신기해 할거랍니다. 이렇게 재생 종이를 이용하면 나무를 자르지 않고도 책을 만들 수 있습니다. 참신한 아이디어 하나만으로도 자연을 아끼고 보호할 수 있다는 걸 우리 아이들에게 꼭 알려주세요.

③ 적

글	다비드 칼리
그림	세르주 블로크
옮긴이	안수연
펴낸 곳	문학동네

6월 6일은 현충일입니다. 나라를 위해 목숨 바치신 분들의 명복을 빌고 숭고한 호국 정신을 되새기는 날이지요. 이날만큼은 전쟁의 참상을 고발하고 평화의 소중함을 일깨우는 책들을 찾아 읽어보세요. 조국의 평화를 위해 모든 걸 바치신 선열들께 깊은 감사와 존경을 표하게 될 것입니다.

책 엿보기　○

　사막 같은 들판에 작은 구덩이가 보입니다. 서로를 향해 총구를 겨누고 있는, 두 병사의 참호입니다. 두 사람은 적입니다. 한 번도 본 적은 없지만 서로에 대해 잘 알고 있습니다. 전투 지침서에 적에 관한 모든 것이 나와 있기 때문이지요. 적은 일말의 동정심도 없는 잔인한 야수입니다. 따라서 적이 나를 죽이기 전에 내가 먼저 적을 죽여야 합니다.

　두 사람은 하루에 한 번 서로에게 총을 쏩니다. 그리고 전쟁이 끝나기를 기다리고 또 기다립니다. 굶주림과 외로움에 지친 한 병사가 이 지긋지긋한 전쟁을 끝내기로 마음먹습니다.

　병사는 덤불로 위장하고 기습 공격에 나섭니다. 그러나 곧 적의 참호가 텅 비었다는 사실을 발견하게 되지요. 그곳에서 병사는 적에게도 가족이 있다는 걸, 적도 나와 같은 전투 지침서를 가지고 있다는 걸 알게 됩니다. 비로소 그는 적이 자기와 똑같은 인간임을 깨닫습니다.

두 병사는 원인도 끝도 알 수 없는 전쟁에 환멸을 느낍니다. 그리고 서로를 향해 메시지가 담긴 병을 던집니다. 그들은 과연 이 전쟁을 끝낼 수 있을까요?

함께 읽을 땐 ○

'적'은 명쾌하고 예리하게 전쟁의 본질을 이야기합니다. 단순하지만 상징적인 그림들은 묵직한 여운을 남기지요. 이야기 속엔 상징적인 질문들이 숨겨져 있습니다. 이 전쟁은 왜 일어난 걸까요? 누가 이 전쟁을 시작한 걸까요? 두 병사에게 진짜 적은 누구일까요? 질문에 답하며 책을 읽다 보면 전쟁의 허상을 깨닫게 됩니다. 무참히 희생당한 사람들의 모습은 전쟁의 폭력성을 상기시켜 줍니다. 책장을 넘기며 진정한 평화를 이루기 위해 어떤 노력이 필요할지 아이와 함께 이야기 나눠 보세요.

이것만은 놓치지 마세요! ○

두 병사는 자신이 왜 싸우는지도 모른 채 적을 죽이기 위해 노력합니다. 아무런 의심 없이 적을 죽여야만 전쟁이 끝난다고 생각하지요. 두 사람은 전투 지침서에 나온 대로 최선을 다해 임무를 수행합니다. 그러다 뒤늦게 적이 증오와 공포의 대상이 아닌 나와 같은 인간임을 깨닫게 되지요.

두 병사는 비판 없는 수용과 맹목적인 믿음이 얼마나 끔찍한 결과를 가져오는지 극명히 보여줍니다. 두 병사의 파괴된 삶은 비판적 사고의 필요성을 일깨워 주지요. 다양한 정보와 의견이 홍수처럼 쏟아지는 시대, 아이에게 옳고 그름을 정확히 판별하고 주체적으로 생각하는 방법을 알려주세요. 진정한 평화는 총과 칼이 아닌 펜과 진실을 통해 이뤄진다는 사실도 꼭 짚어 주시기 바랍니다.

책을 읽은 후에는 ○

아이와 함께 뒷이야기를 만들어 보세요. 전쟁은 어떻게 끝났을지, 두 병사는 어떻게 되었을지 상상의 나래를 펼쳐 보는 겁니다. 두 병사가 쓴 편지 내용도 함께 생각해 보기를 권합니다.

함께 읽으면 좋은 책 📑

전쟁은 대체 어떻게 시작된 걸까요? 전쟁이 끝난 뒤엔 무엇이 남을까요? 전쟁의 시작과 끝을 상징적으로 보여주는 책《여섯 사람》(글·그림 데이비드 매키 / 비룡소)을 읽어보세요. 다비드 칼리의 또 다른 그림책《싸움에 관한 위대한 책》(글 다비드 칼리·그림 세르주 블로크 / 문학동네)도 추천합니다. 폭력과 살상이 난무하는《적》과 달리 이 책은 일상 속에서 벌어지는 아이들의 싸움에 초점을 맞추고 있습니다. 공정한 규칙이 살아 있다면 싸움도 가치 있다는, 건강한 사고방식이 돋보이는 책입니다. 여러 사람이 모인 사회나 집단에서 싸움은 피할수 없는 일, 우리 아이에게 진정한 싸움의 조건과 대처법을 알려주세요.

《전쟁을 평화로 바꾸는 방법》(글 루이즈 암스트롱·그림 서현 / 평화를품은책)은 나라와 나라 사이에 벌어지는 국제 분쟁을 두 꼬마의 다툼으로 유쾌하게 풀어낸 작품입니다. 전쟁 억제력, 중립 지대 같은 낯선 용어들을 꼬마들의 싸움에 빗대 이해하기 쉽게 설명하지요. 상대의 모래성을 무너뜨리겠다(선전포고)고 삽(무기)을 들고 으르렁거리던 두 꼬마가 편(동맹)을 가르고 싸우다 화해에 이르는 모습은 국제 사회가 분쟁을 해결하는 과정과 닮아 있습니다. 읽고 나면 상식이 쌓이는 똑똑한 그림책입니다.

❹ 청개구리 큰눈이의 단오

글   김미혜
그림   조예정
펴낸곳 비룡소

점점 날씨가 더워집니다. 분주히 움직이고 나면 커다란 부채와 시원한 화채가 떠오르지요.
단오를 맞아 선조들의 지혜가 녹아 있는 풍습과 놀이를 따라해 보세요.

책 엿보기   ○

청개구리 큰눈이는 수풀 사이에서 뛰어놀다 창포를 베러 온 금지 엄마 손에 붙들립니다. 금지 엄마는 창포 삶은 물로 머리를 감으면 머릿결이 비단처럼 고와진다며 커다란 솥을 준비하지요.

금지네 부엌에서 몰래 도망친 큰눈이는 마을 이곳저곳을 돌며 사람들의 행동을 구경합니다. 대추나무 시집보내기, 부채 선물하기, 그네뛰기 등 신기한 볼거리가 가득하지요. 와자지껄한 씨름대회는 단오의 백미입니다. 온 동네 사람들이 모여 흥미진진하게 경기를 지켜봅니다. 더위를 쫓는 시원한 앵두화채와 쫀득한 수리취떡은 단옷날에만 먹는 별미랍니다.

큰눈이와 함께 마을을 한 바퀴 돌고 나면 단옷날 조상들이 즐겼던 세시풍속을 자연스레 익힐 수 있습니다. 흥이 넘치는 축제의 현장으로 책과 함께 떠나 보세요.

함께 읽을 땐 ○

이야기를 읽으며 단옷날 풍습에 담긴 의미를 떠올려 보세요. 부채엔 더위 타지 말고 건강하라는 뜻이 담겨 있고요. 수레바퀴 모양의 수리취떡엔 일이 술술 풀리길 기원하는 소망이 새겨져 있답니다. 해보고 싶은 단옷날 풍습에 대해 아이와 이야기 나누고 직접 체험해 보는 시간을 가져보세요.

이것만은 놓치지 마세요! ○

권말엔 단오의 뜻과 의미, 단옷날 즐기는 놀이와 음식이 일목요연하게 정리돼 있습니다. 이야기를 읽고 단오와 관련된 지식과 정보도 놓치지 마세요.

책을 읽은 후에는 ○

아이들과 함께 신나게 전통놀이를 즐겨보세요. 가까운 놀이터에서 그네를 타고 온 가족이 이불 위에서 씨름을 하고 나면 무척 즐거울 거랍니다. 부채를 만들어 친구에게 선물해 보는 것도 의미 있는 경험이 될 것입니다. 날씨가 더운 날엔 아이스크림 대신 새콤달콤한 오미자차와 앵두화채를 만들어 먹어 보세요.

함께 읽으면 좋은 책 🔖

전통과 역사, 과학적 배경지식을 풍부하게 쌓을 수 있는 책도 함께 읽어보세요. 《명절 속에 숨은 우리 과학》(글 오주영·그림 허현경 / 시공주니어)은 명절 음식과 풍습, 다양한 놀이를 통해 과학 원리를 설명해 줍니다. 설날 입는 색동저고리로 천연 염색 과정을 보여주고, 팽

이 놀이를 하며 관성의 법칙을 설명하는 식이지요.

그네뛰기로 진자 운동을 배우고 줄다리기로 작용·반작용 법칙을 익히고 나면 과학이 더 이상 어렵게 느껴지지 않을 거랍니다. 명절과 관련된 주제와 더불어 첨성대, 석가탑 등 문화유산에 숨겨진 과학적 비밀도 알기 쉽게 설명해 줍니다. 초등생 이상 아이에게 도움이 될 유익한 책이랍니다.

⑤ 기이한 DMZ 생태공원

글·그림　강현아
펴낸곳　소동

6·25전쟁이 일어난 지도 벌써 71년이 지났습니다. 이날이 돌아올 때마다 가슴 깊은 곳에서 저릿한 고통이 느껴집니다. 같은 민족끼리 총부리를 겨눠야 했던 끔찍한 비극, 그 기억을 떠올리면 통증이 가시지 않는 상처처럼 여전히 아프기만 합니다. 안타깝게도 이념 갈등이 빚은 분단의 시련은 여전히 지속되고 있습니다. 아이들과 함께 책을 읽으며 우리의 과거와 오늘을 돌아보는 시간을 가져보세요.

책 엿보기　○

　DMZ(Demilitarized zone · 비무장지대)는 1953년 7월 27일 남과 북이 휴전 협정을 맺으며 생겨났습니다. 이곳엔 누구의 군사 시설도, 어떤 무기도 설치될 수 없지요. 휴전선으로부터 남과 북으로 각각 2킬로미터씩 펼쳐져 있는 DMZ에는 사람의 발길이 끊긴 지 오래입니다.

　책장을 열면 '기이한 DMZ 생태공원'의 문이 보입니다. 작고 용감한 담비 한 마리가 우리를 공원 안으로 안내합니다. 들어가기도 전에 궁금증이 생깁니다. 왜 '기이한'이란 이름이 붙은 걸까요?

　책 속에 등장하는 동식물들은 하나같이 신비한 모습을 하고 있습니다. 등에 휴전선 무늬가 있는 산양부터 지뢰를 탐지하는 고사리, 탄피 모양 물고기까지. 전쟁이 끝난 자리에 터를 잡고 살아가는 동식물들은 저마다 기이한 형태로 모습이 바뀌었습니다. 땅속에 묻혀 있는 발목지뢰, 녹슨 탱크와 무기에서 흘러나온 녹물은 전쟁의 후유증처럼 그 자리에 남아 동물들의 삶을 위협합니다.

이 기이한 공원에선 슬프고도 아름다운 삶이 이어집니다. 꿈에서만 가 볼 수 있는 곳, DMZ. 전쟁이 우리 삶을 바꿔놨듯 그곳에 살고 있는 수많은 생명들도 과거와는 다른 모습으로 살고 있을지 모릅니다.

함께 읽을 땐 ○

비무장지대엔 사람의 손길이 닿지 않습니다. 덕분에 우리 곁에서 사라진 동식물들이 여전히 그곳에선 생명을 이어가고 있지요. 그런데 DMZ에 살고 있는 동식물들이 하나같이 기이한 모습을 하고 있습니다. 왜 그럴까요? 동물들의 독특한 생김새는 무엇을 의미하는 걸까요? 질문을 던져 아이의 상상력을 자극해 보세요. '기이한 DMZ 생태공원'엔 또 어떤 동식물들이 살고 있을지 자유롭게 떠올려 보세요.

이것만은 놓치지 마세요! ○

이야기 끝엔 실제 'DMZ 생태평화공원'에 살고 있는 생물들이 소개돼 있습니다. 천연기념물인 검독수리, 멸종위기종인 제비동자꽃처럼 쉽게 볼 수 없는 동식물이 대부분이지요. DMZ에 살고 있는 생명들을 하나씩 짚어 보며 작가의 말에 귀를 기울여 보세요. 이 책이 어떻게 탄생했는지, 비밀 이야기를 듣는 것 같은 기분이 든답니다.

책을 읽은 후에는 ○

기회가 된다면 강원도 고성군에 위치한 'DMZ 박물관'과 '6·25 전쟁체험전시관'에 다녀와 보세요. 한국전쟁과 정전협정, DMZ에 대한 모든 것을 배울 수 있는 곳입니다. 비무장지대에서 발굴된 다양한 유물과 이곳에 서식하고 있는 신비한 야생동물 모형이 방대한 규모로 전시돼 있습니다. 전쟁 당시 사용했던 무기와 막사, 유해도 직접 볼 수 있지요. DMZ 박물관 야외에 설치된 철책을 따라 걸으면 전쟁은 잠시 멈춘 것일 뿐, 아직 끝난 게 아니란 걸 실감하게 된답니다.

함께 읽으면 좋은 책

이날은 베드타임 스토리로 《기차》(글 천미진 · 그림 설동주 / 발견)를 읽어보세요. 서울역에서 함흥역을 지나 런던에 이르는 기차 여행은 할머니의 흑백사진처럼 애틋하고 뭉클한 감동을 안겨줍니다. 남과 북의 경계를 넘어 비밀의 푸른 숲을 힘차게 달리는 기차. 기차는 우리가 꿈꾸는 미래이자 평화와 통일의 상징이랍니다.

초등생 이상 아이와는 《전쟁기념관: 민족의 아픔을 안고 평화 통일의 시대로》(글 박재광 · 그림 김명곤 / 주니어김영사)를 읽고 서울 용산에 위치한 전쟁기념관에 다녀와 보세요. 벽면 가득 새겨진 전사자 명단을 직접 보고 나면 말로는 형용할 수 없는 뜨거운 감정이 솟구쳐 오른답니다. 오늘의 경험을 책에 글로 써 남긴다면 오래도록 기억에 남는 값진 경험이 될 것입니다.

친환경 재생 종이 만들기

아이들과 함께 생활하다 보면 참 많은 양의 종이를 사용하게 됩니다. 그림 그리는 도화지부터 한글 연습하는 공책, 만들기 할 때 쓰는 색종이까지. 많이 사용하는 만큼 낭비하는 양도 적지 않습니다. 환경의 달을 맞아 아이와 직접 종이를 만들어 보세요. 아낌없이 쓰던 종이를 귀하게 여기게 될 거랍니다.

준비물 폐신문지 또는 이면지, 세숫대야, 체, 책받침(또는 얇은 판)

1단계 **신나게 스트레스 해소하기**

재생 종이를 만들 폐신문지나 이면지를 준비하세요. 아이들에게 건네주고 팍팍 찢게 합니다. 종이는 최대한 한 잘게 찢어 주세요.

재미있는 놀이

심심했던 아이들은 힘든 줄도 모르고 신나게 종이를 찢을 겁니다. 다 찢은 종이는 꽃가루처럼 휘날리며 놀게 해주세요. 뿔뿔이 흩어진 종잇조각은 걱정 마세요. '30초 동안 누가 가장 많이 모으나' 대결을 하면 저절로 해결된답니다.

2단계 물에 불리기

세숫대야에 따뜻한 물을 넉넉히 채운 뒤 종잇조각을 넣어 주세요. 커다란 주걱으로 종이와 물이 잘 섞이게 휘휘 저어 주세요. 하룻밤 자고 나면 곱고 부드러운 종이죽이 완성돼 있을 겁니다.

 웃기는 놀이

종이죽으로 '마법의 약' 만들기 놀이를 해보세요. 자투리 색종이를 찢어 넣으며 마법의 주문을 외우는 겁니다. '모기로 변하는 약'이나 '몸이 투명해지는 약'처럼 누가 더 기상천외한 약을 만들어내는지 시합해 보세요.

3단계 물기 제거하기

종이죽을 체로 건져 물기를 제거하고 책받침 위에 얇게 펴 올립니다. 하트, 세모, 네모 등 원하는 대로 모양을 잡아 주세요. 재생 종이가 판에서 잘 떨어지도록 햇볕에 바짝 말려 주세요.

 탈 만들기

종이 탈을 만들고 싶다면 물기를 제거한 종이죽을 둥근 바가지나 적당한 크기로 분 풍선 위에 펴 발라 주세요. 눈, 코, 입 부분에는 구멍을 만들어 줍니다. 햇볕에 잘 말린 다음 원하는 색으로 색칠해 꾸미면 나만의 개성 있는 탈이 완성됩니다.

4단계 친환경 종이카드 만들기

재생 종이가 잘 완성됐나요? 그렇다면 내가 만든 종이를 예쁘게 꾸며 카드를 만들어 보세요. 재생 종이 만드는 과정을 일기에 쓴 다음 참고 자료처럼 붙여 놓아도 좋은 추억이 된답니다.

7월

책으로 더위를 날리자!

읽다 보면 시원해지는 '쿨'한 책 모음

가만히 있어도 땀이 송골송골 맺히는 여름입니다. 푸른 바다와 시원한 수영장이 간절해지는 계절이지요. 수박, 참외, 포도 등 새콤달콤한 과일도 자꾸만 생각납니다. 다양한 야외 놀이를 즐길 수 있는 여름, 집 밖에서 신나게 더위를 만끽했다면 집 안에선 시원하게 북캉스를 즐겨 보세요. 여름에 읽으면 더 재미있는 '제철 그림책'이 여러분을 기다리고 있답니다.

한여름 밤 열대야 때문에 잠을 설친다면 읽기만 해도 소름이 오소소 돋는 옛 이야기를 꺼내 보세요. 공포영화처럼 무섭고 오싹한 이야기가 끈적한 여름밤에 시원함을 더해 줄 거랍니다.

얼음과자에 관한 재미있는 이야기, 지혜와 해학이 넘치는 전래동화도 빼놓을 수 없지요. 신비한 전설을 따라 책장을 넘기다 보면 어느새 더위는 싹 잊어버리게 될 겁니다.

본격적인 무더위가 시작되는 달입니다. 보기만 해도 시원해지는 책들을 읽으며 슬기롭게 더위를 이겨내시기 바랍니다.

7월

일요일	월요일	화요일	수요일	목요일	금요일	토요일
				1	2	3
4	5	6	7 소서	8	9	10
11 초복	12	13	14	15	16	17 제헌절
18	19	20	21 중복	22 대서	23	24 유두절
25	26	27	28	29	30	31

책으로 더위를 날리자! **읽다보면 시원해지는 '쿨'한 책 모음**

7월 7일 ◆ 대단한 참외씨 / 바다 레시피

7월 11일 ◆ 달 샤베트 / 아이스크림이 꽁꽁

7월 17일 ◆ 너구리 판사 퐁퐁이 / 토끼의 재판

7월 21일 ◆ 나는 닐 암스트롱이야! / 달 케이크 / 달의 맛은 어떨까

7월 24일 ◆ 여우누이 / 장화홍련전

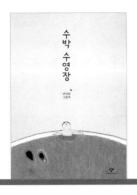

① 수박 수영장

글·그림　안녕달
펴낸곳　창비

'보기 좋은 떡이 맛도 좋다'는 속담이 있지요? 이 속담에 딱 들어맞는 책이 있습니다. 사랑스러운 그림 덕에 이야기가 더 맛있게 느껴지는 그림책이지요. 무더운 여름날, 몸과 마음을 시원하게 만들어 줄 어여쁜 그림책을 소개합니다.

책 엿보기　○

　잘 익은 수박 한 통이 '쩍' 하고 갈라집니다. 드디어 수박 수영장을 개장할 때가 온 것이지요. 파란 하늘 아래 문을 연 붉고 맑은 수영장. 첫 손님은 밀짚모자를 눌러 쓴 할아버지입니다. 동네 꼬마들도 앞 다투어 수박 수영장으로 달려갑니다. 석석석석 철퍽철퍽, 아이들의 걸음 소리가 경쾌하게 울려 퍼집니다.

　작열하는 태양 아래 신나게 놀다 보면 신비한 구름 장수도, 농사일에 바쁜 어른들도 수박 수영장으로 모여듭니다. 차가운 수박 살에 몸을 담그면 행복한 미소가 절로 지어지지요. 수박 수영장의 하이라이트는 수박 껍질 미끄럼틀. 아이 어른 할 것 없이 줄을 서서 신나게 미끄럼틀을 즐깁니다.

　모두가 한마음으로 즐기는 수박 수영장엔 흥겨운 웃음소리가 가득합니다. 시원한 청량감과 기발한 상상력에 마음을 빼앗기는 책. 한 번 읽고 나면 매년 여름 찾게 되는 매력적인 그림책이랍니다.

함께 읽을 땐 ○

차가운 수박을 큼직하게 썰어놓고 책을 펼치세요. 입 안 가득 수박을 베어 먹으며 이야기를 읽어보세요. 만약 우리 동네에도 특이한 수영장이 있다면 어떤 모습일지, 그 안에서 어떤 기발한 놀이를 즐길 수 있을지 아이와 함께 상상해 보세요.

이것만은 놓치지 마세요! ○

수박 수영장의 첫 손님은 백발이 성성한 할아버지입니다. 다리가 불편한 친구도, 아장아장 걷는 꼬마도 다함께 어울려 물놀이를 즐기지요. 동네 아저씨, 아주머니들도 수박 수영장에선 어린아이처럼 해맑게 웃습니다.

수박 수영장의 진정한 묘미는 함께하는 즐거움에 있습니다. 아무리 신기한 수박 수영장이라도 함께 즐길 대상이 없다면 이토록 신나고 흥겹지는 않겠지요. 정을 나누는 이웃들의 모습을 통해 즐거움도 나눌 때 배가된다는 사실을 아이들에게 넌지시 일러 주세요. 서로 배려하며 차례를 지키는 친구들의 모습도 콕 짚어주시고요.

책을 읽은 후에는 ○

책을 읽고 수박 한통을 쩍 갈라 우리만의 수박 수영장을 만들어 보세요. 출판사에서 제작한 북트레일러 영상을 참고해 재미있고 기발한 영상을 찍어 보세요. 수박을 이용해 다양한 간식을 만들어 보는 것도 즐거운 놀이가 될 수 있답니다. 속살을 갈아 아이스크림을 만들거나 수박화채, 수박빙수를 만들어 먹어 보세요. 수박 껍질로는 '잭 오 랜턴'을 만들어 보세요. 꼭지 부분만 잘라 속살을 파낸 다음 눈, 코, 입 모양으로 구멍을 뚫으면 완성! 그 안에 초를 켜 놓으면 여름날 밤 으스스한 기분을 만끽할 수 있답니다.

함께 읽으면 좋은 책 📑

　이번엔 아삭아삭 맛 좋은 참외를 먹으며《대단한 참외씨》(글 임수정·그림 전미화 / 한울림어린이)를 읽어보세요. 꿈을 이루기 위해 온갖 역경을 극복해 내는 참외 씨의 모습은 우리 아이들에게 불굴의 의지와 열정을 가르쳐 준답니다.

　만약 바다로 여행을 떠난다면 모래놀이 주머니에《바다 레시피》(글 윤예나·그림 서평화 / 노란상상)를 살포시 넣어 가세요. 포슬포슬 모래알을 볶아내고 짭짤한 바닷물로 간을 맞추며 아이와 맛있는 추억을 요리해 보세요.

② 팥빙수의 전설

글·그림　이지은
펴낸곳　웅진주니어

새하얀 얼음가루에 달콤한 팥과 과일을 듬뿍 넣은 팥빙수는 남녀노소 누구나 좋아하는 여름 간식입니다. 고소한 콩가루에 쫀득한 떡까지, 환상적인 조합이 돋보이는 팥빙수는 어디서 유래한 걸까요? 팥빙수만큼이나 달고 맛있는 전설 속으로 아이와 함께 떠나 보세요.

책 엿보기 ○

　수수한 옷차림에 인자한 미소를 띤 할머니가 말을 건넵니다. 지금부터 엄청 재미난 얘기를 들려주시겠다고요. 춥지도 덥지도 않았던 그날, 옛날 옛적 있었던 신비한 일이랍니다.

　할머니는 아침 일찍 일어나 밭으로 갑니다. 새를 쫓고 김을 매던 할머니는 장에 내다 팔 수박과 참외를 따 집으로 돌아옵니다. 탱글탱글한 팥으론 단팥죽을 쑤고, 새빨간 딸기는 바구니에 담았지요. 봇짐 가득 과일과 단팥죽을 싼 할머니는 장에 가기 위해 홀로 길을 나섭니다.

　숲길을 지나는데 갑자기 눈이 펑펑 내리기 시작합니다. 따뜻한 날에 눈이 오면 눈호랑이가 나온다 했는데, 아니나 다를까요. 푸르던 숲이 금세 눈으로 뒤덮이고 집채만 한 눈호랑이 한 마리가 떡하니 모습을 드러냅니다. 무시무시한 앞발을 들고 호랑이가 하는 말.

　"맛있는 거 주면 안 잡아먹지."

　할머니는 봇짐에 싸 놓은 과일을 하나씩 던져 줍니다. 먹고 돌아서면 언제 그랬냐는 듯 다시 쫓아오는 눈호랑이. 할머니는 기지를 발휘해 계속해서 눈호랑이를 따돌립니다. 그런데 이 염치없는 호랑이는 생각보다 만만치 않은 상대였지요. 할머니는 천신만고 끝에 눈호랑이를 물리치고 뜻밖의 보물을 발견합니다. 기막힌 반전의 묘미. 이 책의 가장 큰 미덕이랍니다.

함께 읽을 땐 ○

표지부터 호기심을 콕콕 자극하는 책입니다. 빨간 망토를 연상시키는 할머니와 새하얀 눈호랑이, 눈 속에 파 묻힌 과일들과 거대한 단팥죽 산. 과연 팥빙수 속엔 어떤 전설이 숨겨져 있을지 책을 읽기 전 아이와 함께 마음껏 상상해 보세요. 막다른 골목에 다다른 할머니가 어떻게 눈호랑이를 물리쳤을지 스스로 생각해본 다음 결말을 확인하세요.

이것만은 놓치지 마세요! ○

이 책은 기발한 상상력과 재치가 맛있게 어우러진, 그야말로 팥빙수 같은 책입니다. 눈호랑이가 반복하는 대사와 신비한 초능력은 유명 옛 이야기를 연상시키며 웃음을 유발하지요. 어떤 이야기 속 명대사, 명장면인지 아이와 함께 찾아 읽으면 또 다른 재미를 느낄 수 있을 거랍니다.

책을 읽은 후에는 ○

《팥빙수의 전설》을 재미있게 읽었다면 아이와 함께 좋아하는 음식의 전설을 상상해서 써 보세요. '짜장면의 전설', '치킨의 전설'처럼 음식의 맛과 특징을 살려 기발한 글 한 편을 완성해 보는 겁니다.

길지 않아도 괜찮습니다. 글짓기는 결코 쉬운 일이 아니니까요. 글보다 그림이 더 편한 아이들이라면 4컷 만화처럼 그림 위주로 이야기를 지어 보게 이끌어 주세요.

함께 읽으면 좋은 책 📑

너무 더워 달까지 녹아버릴 것 같은 밤엔 《달 샤베트》(글·그림 백희나 / 책읽는곰)를 읽어보세요. 현실과 상상을 넘나드는 환상적인 이야기가 꿈처럼 아름다운 감동을 선사합니다. 무대포 고양이들이 펼치는 파란만장 남극 모험기, 《아이스크림이 꽁꽁》(글·그림 구도 노리코 / 책읽는곰)도 추천합니다. 무더위를 잊게 하는 흥미진진한 전개, 훈훈한 감동과 반전 폭소까지. 어느 것 하나 놓치지 않은 유쾌한 그림책이랍니다.

③ 약속은 대단해

글   선안나
그림   조미자
펴낸 곳 미세기

7월 17일 제헌절을 맞아 아이들과 함께 규칙과 약속에 대한 책을 읽어보세요. 매일 지키는 교통 규칙, 친구와 한 작은 약속들이 법을 이해하기 위한 중요한 초석이 되니까요. 약속이라는 게 왜 생겼는지, 규칙을 따르지 않으면 어떤 문제가 발생하는지 이야기를 통해 아이와 함께 알아보세요.

책 엿보기 ○

친구와 놀이터에서 만나기로 했을 때 또는 주말에 온 가족이 여행을 떠나기로 한 날, 우리는 '약속했다'라고 말합니다. 약속은 친구나 가족, 혹은 자기 자신과도 할 수 있는 일이지요. 만약 약속을 지키지 않는다면 어떻게 될까요? 나를 포함한 우리 모두에게 피해가 생길지도 모릅니다.

세상엔 많은 사람들이 어울려 삽니다. 모두가 불편없이 안전하게 살기 위해 우리가 꼭 지켜야 할 약속이 있습니다. 만났을 때 다정하게 인사하는 일, 말하고 싶을 때 먼저 손을 드는 행동, 안전을 위해 지켜야 할 교통질서가 바로 그런 경우이지요. 이런 약속은 모두에게 필요하며, 이로운 약속이랍니다.

마음으로 하는 약속도 있습니다. 서로에 대한 예의를 지키는 것, 어른을 공경하고 존경하는 것, 다른 사람을 배려하는 것은 모두 마음으로 하는 약속입니다. 소중히 여기겠다는 약속, 아끼고 지켜주겠다는 약속처럼 자연과도 약속을 할 수 있습니다. 이 또한 우리가 반드시 지켜야 할 중요한 약속이지요.

약속은 왜 필요할까요? 규칙과 질서는 왜 따라야 할까요? 책을 읽고 나면 아이 스스로 이런 질문들에 답할 수 있게 될 겁니다. 면지에 나온 빨간 실이 어디로 어떻게 이어질지, 상상하며 읽으면 더욱 재미있는 그림책이랍니다.

함께 읽을 땐 ○

일상생활에서 어떤 약속들을 하며 살아가는지 떠올려 보세요. 약속을 하고 나서의 설레는 마음, 지키지 못했을 때의 무거운 마음도 들여다보세요. 또 일방적으로 약속을 바꾸는 일이 왜 나쁜지에 대해서도 아이와 함께 이야기 나눠 보세요.

유치원이나 학교에는 어떤 약속과 규칙들이 있는지 아이에게 물어봐 주세요. 그리고 "많은 규칙과 약속들을 참 잘 알고 있구나!"라고 칭찬해 주세요. 혹 아이가 지키기 어려워하는 부분이 있다면 일상생활에서 충분히 연습할 수 있게 도와주세요.

이것만은 놓치지 마세요! ○

책에는 모두의 안전을 위한 약속, 자연과 하는 약속 등 다양한 형태의 약속이 나옵니다. 이 중엔 꼭 지켜야 하지만 실제로는 지키기 어려운 약속들이 적지 않지요. 사회는 이런 이유로 법이라는 강력한 장치를 만들었습니다. 즉, 법이란 어기면 처벌 받을 수 있는 엄격한 약속인 셈이지요. 이번 기회를 통해 법은 어렵고 복잡한 것이 아니라 우리가 생활 속에서 반드시 지켜야 하는 약속이란 걸 아이들에게 일깨워 주세요.

책을 읽은 후에는　○

　　우리 가족이 함께 지켜야 할 약속을 정해 보세요. 친절하게 행동하기, 쓰레기 함부로 버리지 않기처럼 모두에게 이로운 약속이라면 더욱 좋겠지요. 평소 약속을 하고도 잘 지키지 않는다면 왜 자꾸 약속을 어기게 되는지 '원인'을 파악해 보세요. 처음부터 무리한 약속을 한 것은 아닌지, 무분별하게 약속을 남발한 것은 아닌지 이유를 찾아보세요. 원인을 파악하고 나면 약속을 지킬 수 있는 방법이 보인답니다.

　　약속은 신뢰의 문제입니다. 자꾸만 약속을 어기면 '양치기 소년'처럼 주변 사람들로부터 신뢰를 잃을 수 있다는 점, 우리 아이들도 유념해야겠지요?

함께 읽으면 좋은 책　

　　학교에 입학한 친구들이라면 《너구리 판사 퐁퐁이》(글 김대현, 신지영·그림 이경석 / 창비)를 읽어보세요. 여러 사람들의 의견이 엇갈릴 때, 사건의 시시비비를 가려야 할 때 어떻게 판단하면 좋을지 법률적 기준을 세워 주는 지식 정보책이랍니다.

　　이번엔 진짜 판사가 됐다는 마음으로 《토끼의 재판》(글·그림 홍성찬 / 보림)을 읽어보세요. 호랑이를 구해준 사람과 그를 잡아먹으려는 호랑이의 다툼을 보며 이들을 각각 옹호하거나 비판하는 여러 동물들의 이야기를 들어보세요. 그리고 나라면 과연 어떤 판결을 내릴지 아이와 함께 의견을 나눠 보세요. 가족들과 함께 역할을 나눠 모의재판을 열어 보는 것도 재미있는 활동이 될 수 있습니다.

④ 아빠, 달님을 따 주세요

글·그림	에릭 칼
옮긴이	오정환
펴낸 곳	더큰

1969년 7월 21일은 인류가 최초로 달에 착륙한 날입니다. 그때부터 사람들은 달 표면에 선명하게 남은 인류의 발자국을 떠올리며 우주여행을 꿈꾸기 시작했지요. 그날을 기념하며 오늘은 베드타임 스토리로 달에 대한 이야기를 읽어보세요. 우리 아이들의 상상력을 보름달처럼 부풀게 할 좋은 책들이 많이 있답니다.

책 엿보기 ○

모니카가 잠자리에 들기 전 창밖에 떠 있는 동그란 달님을 바라봅니다. 손에 닿을 듯 가까이 있는 달님. 모니카는 달님과 놀고 싶어 합니다. 그런데 어찌된 영문인지 아무리 팔을 뻗어도 달님에게 손이 닿지 않습니다. 모니카는 곁에 있는 아빠에게 달님을 따 달라고 부탁합니다.

사랑하는 딸을 위해 아빠는 긴 사다리를 가져옵니다. 책장을 양쪽으로 펼치고 또 펼쳐도 다 그려 넣을 수 없는 아주 긴 사다리지요. 아빠는 이 사다리를 들고 높은 산으로 올라갑니다. 그리고 사다리 계단을 따라 하늘 높이 올라가지요.

드디어 아빠는 커다란 달님과 마주합니다. 하지만 달이 너무 커서 가져갈 수 없다는 걸 깨닫지요. 달님은 말합니다. 나는 매일 밤 조금씩 작아지니 알맞은 크기가 됐을 때 데려가 달라고요. 아빠는 어렵게 구한 달님을 어린 딸에게 가져다줍니다.

모니카는 달님과 어떻게 놀았을까요? 하늘에서 내려온 달님은 어떻게 되었을까요? 이야기는 신비로운 달님처럼 아름답고 몽환적으로 끝난답니다.

함께 읽을 땐 ○

밝고 유쾌한 색채, 독특한 콜라주 기법으로 유명한 에릭 칼의 작품입니다. 그는 이 책에서도 아이들의 상상력을 자극하는, 마법 같은 그림을 선보입니다. 플랩북 기법을 활용해 이야기를 시각적으로 더욱 두드러지게 표현한 것이지요. 잘 접힌 페이지 속에서 커다란 보름달이 등장하는 장면은 단연 압권입니다. 이야기를 읽다 플랩북 부분이 나오면 아이가 직접 페이지를 펼치게 도와주세요. 선물 상자를 열어 보는 것처럼 기분 좋은 설렘이 가득한 책입니다.

이것만은 놓치지 마세요! ○

이 책은 에릭 칼이 자신의 딸을 위해 스케치한 작품이라고 합니다. 그래서일까요? 딸에 대한 아버지의 진심과 사랑이 이야기 속 가득 담겨 있습니다. 밤하늘의 별도, 달도 다 따주고 싶은 마음. 아이를 키우는 부모라면 다 같은 마음이겠지요. 아이도, 부모도 서로에 대한 애틋한 사랑을 느낄 수 있는 그림책입니다.

이 책을 읽으며 서로에게 해주고 싶은 불가능한 일들을 꿈꿔 보세요. 이룰 수 있느냐, 없느냐는 중요치 않습니다. 불가능한 일도 가능한 일로 만들고 싶을 만큼 서로를 사랑한다는 뜻이니까요.

책을 읽은 후에는 ○

처음 보름달 모양이었던 달님은 시간의 흐름에 따라 하현달, 그믐달, 초승달로 모양을 바꿉니다. 이야기를 따라가다 보면 달의 모양 변화를 관찰할 수 있지요. 책을 읽고 아이와 함께 달의 모양 변화를 관찰할 수 있는 실험 동영상을 찾아보세요. 스티로폼 공과 전구를 이용해 직접 실험해 보면 더욱 좋겠지요? 관찰 결과를 그림으로 그려보면 각 모양의 이름을 정확히 익히는 데 도움이 된답니다.

함께 읽으면 좋은 책

'달' 하면 떠오르는 인물이 있습니다. 인류 최초로 달에 착륙한 아폴로 11호의 선장, 바로 닐 암스트롱이 그 주인공입니다.《나는 닐 암스트롱이야!》(글 브래드 멜처 · 그림 크리스토퍼 엘리오풀로스 / 보물창고)에는 어린 시절부터 우주비행사가 되기까지 그의 성장기가 담겨 있습니다. 그는 사실 우리와 전혀 다를 것 없는 평범한 어린 시절을 보냈답니다. 용감하기보단 소심한 편이었고 나무 꼭대기에 오르려다 크게 다칠 뻔한 적도 있는, 보통의 소년이었지요.

하지만 그에겐 다른 사람들과 구별되는 한 가지 특징이 있었습니다. 이루고 싶은 목표가 생길 때마다 스스로 방법을 찾고 끈기 있게 노력했다는 점이지요. 그는 말합니다. 꿈을 이루기 위해 지식, 용기, 끈기도 중요하지만 더 중요한 건 첫 발을 내딛는 것이라고요. 꿈을 위해 도전하는 아이들에게 귀감이 될 보석 같은 책이랍니다.

아름다운 그림으로 달에 대한 상상력을 키워줄《달케이크》(글 · 그림 그레이스 린 / 보물창고)와 귀여운 발상이 돋보이는《달의 맛은 어떨까》(글 · 그림 미하엘 그레니에크 / 더큰)도 꼭 한 번 읽어보세요.

⑤ 나무 그늘을 산 총각

글   권규헌
그림   김예린
펴낸 곳 봄볕

땡볕 속에 길을 걷다 보면 나도 모르게 나무 그늘을 찾게 됩니다. 무더위에 몸도 마음도 늘어지는 오후, 시원한 그늘에 앉아 풍자와 해학이 번뜩이는 옛 이야기 한 편을 읽어보세요. 이야기보따리 속엔 우리가 몰랐던 재미와 교훈이 가득 들어 있답니다.

책 엿보기 ○

옛날 어느 마을에 커다란 느티나무 한 그루가 있었습니다. 동네 사람들은 종종 나무 그늘 아래 쉬며 땀을 식히곤 했지요. 그런데 그 느티나무 앞에는 욕심 많은 부자 영감이 살고 있었습니다. 부자 영감 역시 나무 그늘에서 낮잠 자는 걸 무척이나 좋아했지요.

어느 무더운 여름 날, 길을 지나던 총각이 뜨거운 볕을 피하려 나무 그늘에 앉았습니다. 부자 영감은 그날도 나무 그늘에 누워 잠을 자고 있었지요. 잠깐 쉬어가려던 총각은 깜빡 잠이 들고 말았습니다.

얼마가 지났을까. 잠들었던 총각은 호통 치는 소리에 놀라 깨어났습니다. 허락도 없이 남의 그늘에서 잠을 잤다며 부자 영감이 화를 내고 있었던 것이지요. 부자 영감은 이 나무가 자기 것이니 나무 그늘도 자기 것이라 우기기 시작했습니다.

총각은 욕심쟁이 영감을 혼내 주기로 마음먹고 나무 그늘을 자기에게 팔라고 제안합니다. 돈에 눈이 먼 영감은 못 이기는 척, 총각에게 열 냥을 받고 나무 그늘을 팔지요. 공돈을 번 부자 영감은 신이 나 집으로 돌아오지만 시간이 지나며 차츰 심각한 문제가 불거집니다. 해가 뉘엿뉘엿 지며 나무 그늘이 부자 영감의 집 쪽으로 옮겨가기 시작한 것이지요.

총각은 나무 그늘을 따라 성큼성큼 부자 영감의 집 안으로 들어갑니다. 제 나무 그늘이라며 마당에서 뒹굴더니 급기야 안방에까지 들어가 앉습니다. 부자 영감은 속이 부글부글 끓었지만 별 수 있나요. 인정할 수밖에요.

저녁이 되어 나무 그늘이 사라지자 총각도 물러납니다. 하지만 여기서 끝이 아니지요. 다음날도, 그 다음날도 총각은 매일같이 부자 영감 집에 드나들며 시원한 그늘을 만끽합니다. 지혜로운 총각의 부자 영감 골탕 먹이기 대작전. 그 끝을 확인하고 싶다면 꼭 책을 읽어보세요.

함께 읽을 땐 ○

총각은 어떤 마음으로 부자 영감에게 거래를 제안했을까요? 그늘을 판 영감은 별 탈 없이 지낼 수 있었을까요? 결말의 힌트는 그늘이 생기는 원리에 숨어 있습니다. 아이와 함께 천천히 이야기를 읽으며 다음 내용을 예측해 보세요.

이것만은 놓치지 마세요! ○

이 이야기엔 나눔과 배려의 가치가 녹아 있습니다. 욕심을 부리다 결국엔 벌을 받는 권선징악 구조를 그대로 따르고 있지요. 하지만 총각의 행동도 무조건 옳다고 할 수는 없습니다. 오늘날의 법에 따르면 총각의 행동은 엄연한 범죄에 해당하니까요.

전래동화엔 교훈적 의미와 가치가 담겨 있지만 옛 이야기이다 보니 현대 상황과 맞지 않는 부분도 일부 포함돼 있습니다. 아이와 함께 책을 읽으며 배울 점과 문제점을 함께 생각해 보세요.

초등생 이상의 자녀와는 《심청이 무슨 효녀야?》(글 이경혜 · 그림 양경희 / 바람의아이들)로 비판하며 읽기를 연습해 볼 수 있습니다. '옛이야기 딴지걸기'란 부제처럼 익숙한 이야기를 전혀 다른 관점에서 해석해 주는 책이랍니다. 《이지유의 이지사이언스: 옛이야기》(글 · 그림 이지유 / 창비)은 과학적 시각에서 전래동화와 세계 명작을 유쾌하게 비틀어 봅니다. 두 권 모두 아이들에게 관점의 변화를 경험할 수 있는 이색적인 책이랍니다.

책을 읽은 후에는 ○

이야기를 읽고 아이가 총각의 잘못을 짚어냈다면 그 내용을 바탕으로 결론을 새롭게 맺어 보세요. 총각과 부자 영감의 옳고 그름을 구체적으로 따져보면 전혀 다른 이야기가 만만들어진답니다.

그동안 즐겨 읽었던 책들도 주인공이 아닌 다른 등장인물의 관점에서 읽어보세요. 《흥부와 놀부》를 이번엔 '놀부'의 입장에서 읽어보는 겁니다. 놀부는 정말 나쁜 사람일까요? 놀부에게도 말 못할 사정이 있었던 건 아닐까요? 왕자님을 만나 행복하게 살았다는 공주님들의 이야기도 마찬가지입니다. 공주는 왕자와 결혼해야만 행복한 삶을 살 수 있는 걸까요? 아이가 좋아하는 책을 읽으며 익숙한 이야기를 새롭게 뒤집어 보는 시간을 가져보세요.

함께 읽으면 좋은 책

이번엔 분위기를 바꿔 올여름 더위를 한 방에 날려줄 오싹한 전래동화 두 편을 소개합니다. 사람으로 둔갑한 여우가 가족들을 잡아먹는 《여우누이》와 억울하게 죽은 자매가 한을 풀기 위해 귀신으로 나타나는 《장화홍련전》은 무서운 이야기의 원조라 할 수 있습니다. 시중에 나와 있는 공포물들이 지나치게 자극적이고 선정적이라 걱정되신다면 찰스 디킨스의 '철도 신호원', 메리 셸리의 '프랑켄슈타인', 가스통 르루의 '오페라의 유령' 같은 오싹한 고전들을 아이들에게 소개해 주세요.

전래동화나 고전은 출판사에 따라 내용과 형식, 삽화 면에서 큰 차이를 보입니다. 공포의 수위나 글의 양도 각기 다르지요. 부모님께서 먼저 여러 출판사의 책을 비교해 보시고 아이의 읽기 수준이나 성향을 고려해 알맞은 책을 골라 주세요.

우리끼리 모의재판
판결을 내려주세요!

제헌절날 아이와 함께 법에 대한 책을 읽어보셨나요? 사실 이 달에 읽은 책 중에는 법의 기준으로 옳고 그름을 따져볼 만한 이야기가 여러 편 포함돼 있습니다. 《아이스크림이 꽁꽁》의 고양이들도, 《장화홍련전》의 계모도 법의 감시망을 피해 갈 수는 없지요.

이 이야기들을 사건 파일처럼 올려두고 아이와 함께 모의재판을 열어보세요. 아이에겐 판사 역을 맡겨 주시고 부모님은 변호사 또는 검사 역할을 각각 맡아 주세요. 원고와 피고는 이야기 속 주인공들입니다. 《나무 그늘을 산 총각》을 예로 들어 볼까요? 이 이야기는 부자 영감(원고)이 총각(피고)을 고소한 사건(무단침입)으로 변형시킬 수 있습니다. 부모님께서 원고와 피고의 변호인 역할을 맡아 상반된 주장을 펼쳐 주세요. 아이가 양측의 의견을 종합해 판결을 내리면 사건은 종결됩니다. 모의재판에 정답은 없습니다. 다만, 아이의 판단 속에 확실한 논리가 있는지 살펴봐 주세요. '그냥' 또는 '부자 영감이 나쁘니까' 같은 애매한 이유보다 아이가 확실한 근거를 바탕으로 판결을 이끌어낼 수 있도록 부모님께서 조언해 주세요.

집에서 모의재판을 해볼 수 있는 이야기는 무궁무진합니다. 《재판정에 선 비둘기와 풀빵 할머니》(글 강무지·그림 양정아 / 비룡소), 《진짜 도둑》(글·그림 윌리엄 스타이그 / 비룡소), 《톰 소여의 모험》(글 마크 트웨인·그림 C. F. 페인 / 비룡소)처럼 재판 과정을 포함하고 있는 이야기도 활용해 볼 수 있습니다.

모의재판은 이야기를 읽고 생각하는 훈련, 자기 생각을 적절히 표현하는 능력을 키우는 데 큰 도움이 됩니다. 판사, 변호사, 검사와 같은 직업 체험도 간접적으로 해볼 수 있지요. 이야기를 통해 논리를 배울 수 있는 똑똑한 독후 활동, 한 번 도전해 보세요.

8월

야호, 방학이다!

여름에 읽으면 더 재밌는 '핫'한 책 모음

여름 방학이 돌아왔습니다. 모처럼 긴 여유를 즐길 수 있는 휴식 시간, 그동안 미뤄뒀던 책을 읽어보는 건 어떨까요? 조선의 22대 왕 정조는 더위를 물리치는 데 독서만큼 좋은 방법은 없다고 했습니다. 영국 빅토리아 여왕도 신하들에게 한 달간의 독서 휴가를 주어 유유자적 책을 즐기도록 했다지요. 잔잔한 휴식을 위해 이번 달은 책 속으로 여행을 떠나 보세요.

국경일인 광복절엔 빼앗긴 주권을 되찾기 위해 목숨 바쳐 싸우신 위인들의 책을 읽어보세요. 꽃다운 나이에 끔찍한 고통을 겪어야 했던 어린 소녀들의 이야기도 잊지 마세요.

비가 오는 날엔 마음먹고 '벽돌책'을 꺼내 보세요. 두껍지만 재미있는, 유의미한 책을 골라 아이와 음미하듯 읽어보세요. 시간의 흐름을 잊을 만큼 책 속에 푹 빠지는 경험을 하고 나면 진짜 책을 사랑하는 아이로 거듭나게 된답니다.

숨은그림찾기처럼 재미있고 영화처럼 환상적인 그림책도 펼쳐 보세요. 책장을 넘길 때마다 눈에 불을 켜고 숨어 있는 그림들을 찾다 보면 우리가 하는 것이 독서인지, 게임인지 헷갈리게 된 답니다.

시원한 도서관에 앉아 또는 거실 바닥에 누워 팔랑팔랑 책장을 넘겨 보세요. 진정한 '쉼'을 경험하는 특별한 여름이 될 것입니다.

8월

일요일	월요일	화요일	수요일	목요일	금요일	토요일
1	2	3	4	5	6	7 입추
8	9	10 말복	11	12	13	14 칠석
15 광복절	16	17	18	19	20	21
22	23 처서	24	25	26	27	28
29	30	31				

야호, 방학이다! **여름에 읽으면 더 재밌는 '핫'한 책 모음**

8월 1일 + 할머니의 여름휴가 / 냉장고의 여름방학

8월 10일 + 비밀의 문 & 끝없는 여행 / 파도야 놀자 / 시간 상자

8월 15일 + 평화의 소녀상

8월 21일 + 빨간 매미

8월 24일 + 얼굴 빨개지는 아이 / 고양이 해결사 깜냥

① 방학 때 뭘 했냐면요

글　다비드 칼리
그림　뱅자맹 쇼
옮긴이　강수정
펴낸 곳　토토북

어떻게 하면 여름 방학을 알차게 보낼 수 있을까. 아이들을 위한 고민이 많으실 겁니다. 아이와 특별한 방학을 보내고 싶다면, 이 책을 한 번 살펴보세요. 친구들에게 "나는 이런 방학을 보냈어!" 신나게 얘기할 우리 아이를 떠올리면서요.

책 엿보기 ○

　표지부터 어마어마한 이야기가 펼쳐질 것 같은 느낌입니다. 거대한 문어에게 잡혀 거꾸로 매달려 있는 아이. 그런데 아이는 점잖게 옷을 빼입고 있네요. 참고로 말씀드리자면, 이 아이는 숙제도 안 하고 지각을 밥 먹듯이 하지만 창의력은 철철 넘치는《왜 숙제를 못했냐면요》와《왜 지각을 했냐면요》의 주인공이랍니다. 이 이야기는 방학을 어떻게 보냈냐는 선생님의 질문으로 시작합니다.

　아이는 정장을 입고 해변에 앉아 있습니다. 무료하게 앉아 있던 아이는 파도에 떠밀려 온 유리병을 발견합니다. 병 속엔 다름 아닌 보물지도가 들어 있지요. 발견의 기쁨도 잠시, 까치 한 마리가 날아와 보물지도를 낚아채 갑니다. 아이는 지도를 되찾기 위해 까치를 쫓기 시작하지요.

　아이는 까치를 잡기 위해 항구에 있던 배에 무작정 올라탑니다. 아뿔싸! 하필이면 해적선에 올라타고 말았네요! 아이는 해적들을 피하려다 대왕오징어에 붙잡히고 잠수함 선장을 만나 목숨을 구하지만 이런저런 허드렛일을 도맡게 됩니다.

육지로 올라온 아이는 다시 보물지도를 손에 넣지만 열기구를 타고 가다 추락해 사막에 떨어집니다. 아이는 의도치 않게 잠들어 있던 미라들을 깨우고, 최신 발명품을 몰고 나타난 삼촌 덕분에 다시 바닷가로 돌아옵니다. 우여곡절 끝에 지도를 손에 넣은 아이는 보물상자를 발견하고 마침내 환상적인 시간을 만끽합니다.

아이의 스펙터클한 방학 이야기는 터무니없이 황당합니다. 하지만 선생님은 즐거운 표정으로 아이의 말을 경청하지요. 아이의 방학 생활이 책의 전부는 아닙니다. 아이도 모르는 엄청난 반전이 결말에 숨어 있으니까요. 이 반전이야말로 작가가 독자를 위해 숨겨둔 진짜 '보물'이 아닐까 생각해 봅니다.

함께 읽을 땐 ○

페이지를 넘길 때마다 예상을 뒤엎는 모험이 펼쳐집니다. 느닷없이 시작된 '까치 추격전'이 어떻게 마무리될지 아이와 상상하며 읽어보세요.

이것만은 놓치지 마세요! ○

우리 아이들도 엄마 아빠와 함께하는 시간 동안 해보고 싶은 일들이 많을 겁니다. 이야기 속 주인공처럼 올 여름엔 아이와 함께 아찔한 모험을 해보면 어떨까요? 짜릿한 레포츠에 도전하거나 자연 탐사, 오지 캠핑을 떠나 보는 것도 좋을 겁니다. 공룡박물관, 해양박물관, 항공우주박물관처럼 특색 있는 박물관에 가면 모험만큼 신나고 스릴 넘치는 이색체험을 할 수 있답니다.

책을 읽은 후에는 ○

여름 방학이니까 기억에 남을 만한 즐거운 놀이 한 번 해볼까요? 보물지도를 보며 재미있게 책을 읽는 놀이랍니다. 평소 아이가 관심을 보이지 않았던 책을 뽑아 선물 이름이 적힌 보물카드를 끼워 놓습니다. 그리고 책상 세 번째 서랍 안, TV 뒤처럼 아이가 찾기 쉬운 장소에 책을 잘 숨겨둡니다.

책 위치를 표시한 보물지도를 그려 눈에 잘 띄는 곳에 놓아두세요. 아이가 책을 찾아오면 그 자리에서 펼쳐 신나게 책을 읽어주시면 됩니다. 책을 읽다 보물카드가 나오면 아이가 직접 펼치게 해주세요. 보물카드에 적힌 선물은 책을 모두 읽은 뒤에 주는 것이 좋겠지요? 아이는 보물 찾는 재미, 선물 받는 재미에 푹 빠져 평소 읽지 않던 책도 즐겁게 읽을 거랍니다.

함께 읽으면 좋은 책

《방학 때 뭘 했냐면요》가 여름 방학 특집, 초특급 상상 여행이었다면 이번엔 마음 따뜻한 할머니와 평화로운 바다 여행을 떠나 보세요. 그림책 《할머니의 여름휴가》(글·그림 안녕달 / 창비)는 부드러운 색감, 동글동글한 그림으로 보는 이의 마음을 편안하게 만듭니다. 책을 들여다보면 어디선가 시원한 파도 소리, 갈매기 울음소리가 들리는 것 같은 꿈결 같은 그림책이랍니다.

참새가 방앗간 드나들 듯 우리 아이들도 여름이면 더 자주 냉장고 문을 여닫습니다. 여름마다 쉴 틈 없이 일해야 하는 냉장고는 자기도 방학이 필요하다고 외치고 싶을지 모릅니다. 여름을 맞아 냉장고의 마음을 헤아려 보는 건 어떨까요? 《냉장고의 여름방학》(글 무라카미 시이코 · 그림 하세가와 요시후미 / 북뱅크)을 펼치면 그동안 침묵을 지키고 있었던 냉장고가 속 시원하게 제 마음을 털어놓는답니다. 냉장고와 함께하는 유쾌한 여름 방학, 기발한 상상의 세계로 떠나 보세요.

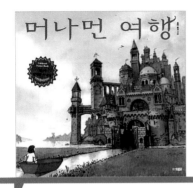

② 머나먼 여행

글·그림 에런 베커
펴낸 곳 웅진주니어

글 없는 그림책은 상상력을 자극하는 훌륭한 촉매제입니다. 아이와 함께 천천히 그림을 살피며 우리만의 이야기를 만들어 보세요. 아이들은 타고난 작가이자 천부적인 이야기꾼들이랍니다.

책 엿보기 ○

한 소녀가 빨간 퀵보드를 타고 집으로 달려갑니다. 그런데 소녀의 표정이 밝지 않네요. 아빠는 서재에서, 언니는 거실에서, 엄마는 부엌에서 자기 일에 몰두해 있느라 소녀에게 관심을 보이지 않습니다. 소녀는 외롭고 심심합니다. 밖은 환한 낮인데, 소녀의 방은 먹구름이 끼인 것처럼 어둡기만 합니다.

우울해하던 소녀는 방 한 구석에 떨어져 있던 빨간 펜을 발견합니다. 소녀는 그것이 마법의 펜임을 알아차리지요. 벽에 작은 문을 그린 소녀는 그 문을 열고 낯선 세상으로 달려나갑니다. 아름다운 조명이 빛나는 푸른 숲에서 소녀는 강물 위에 작은 배를 그립니다.

그림이 현실이 되는 이상한 공간. 그곳에서 소녀는 빨간 배를 타고 아름다운 성에 도착합니다. 성에 사는 사람들은 소녀를 반갑게 맞이합니다. 소녀는 다시 열기구를 그려 타고 하늘 위를 탐험합니다.

소녀는 구름 위에서 아름다운 보랏빛 새를 발견합니다. 빨간 펜으로 그린 마법의 양탄자를 타고 새와 함께 하늘을 비행하는 소녀. 숨 막히게 아름다운 밤하늘을 건너 소녀는 현실 세계로 돌아가는 문 앞에 도착합니다.

되돌아간 세상에서 소녀는 보라색 펜을 들고 반갑게 새를 맞이하는 소년을 만납니다. 두 아이는 마법 펜으로 그린 자전거를 타고 어디론가 달려갑니다. 소녀의 표정이 해처럼 밝게 빛납니다.

함께 읽을 땐 ○

표지 속 제목과 나룻배, 면지를 가득 채운 빨간색은 묘한 긴장감과 호기심을 불러일으킵니다. 이 그림책을 볼 땐 색깔을 눈여겨보세요. 회색빛 도시에서 소녀가 타던 빨간 퀵 보드와 소년의 손에 들린 보랏빛 펜은 유독 선명하게 빛나고 있습니다. 소녀가 들고 있는 연도 마찬가지지요. 잿빛 풍경 속에서 선명하게 빛나는 색들을 쫓아가다 보면 어느새 책 속에 푹 빠져들게 된답니다.

그림을 보며 "무슨 일이 벌어진 걸까?" "이 사람들은 누구일까?" 아이에게 질문해 보세요. 주어진 글이 없으니 떠오르는 대로, 마음 가는 대로 이야기를 지어내면 된답니다. 소녀가 위기에 빠지는 아찔한 상황, 소년과 소녀가 처음 만나는 장면에선 어떤 대화가 오갔을지 아이와 함께 상상해 보세요.

이것만은 놓치지 마세요! ○

이야기 초반 소녀는 가족의 무관심 속에 홀로 우울해하고 있었습니다. 그때 소녀의 마음이 어땠을지 아이와 이야기 나눠 보세요. 우리 아이들도 의도치 않게 방치되거나 홀로 시간을 보내야 했던 경험이 있을 겁니다. 이 책을 계기로 아이와 약속 하나만 해주세요. 아무리 바빠도 하루에 책 한 권은 꼭 함께 읽겠다고요.

책을 읽은 후에는　○

"우리에게도 마법의 펜이 생긴다면 어떨까?"

책을 읽고 아이와 기분 좋은 상상에 빠져 보세요. 어떤 색 펜을 갖고 싶은지, 펜으로 가장 먼저 그리고 싶은 것은 무엇인지 상상하는 것만으로도 행복한 시간이 될 거랍니다.

가장 인상 깊었던 장면을 골라 이야기를 붙여 보는 것도 좋습니다. 말풍선 모양 포스트잇을 이용해 등장인물들의 대사를 써 보는 활동도 재미있답니다. 이 책은 또 다른 그림책 《비밀의 문》《끝없는 여행》으로 이어집니다. 마법의 펜과 함께하는 환상적인 모험담. 두 권 모두 꼭 읽어보세요.

함께 읽으면 좋은 책

아이들의 상상력을 자극하는 훌륭한 그림책들이 시중에 많이 나와 있습니다. 여름에 보면 더 좋은 《파도야 놀자》(글·그림 이수지 / 비룡소)와 《시간 상자》(글·그림 데이비드 위스너 / 시공주니어)가 대표적인 책들이지요. 바다라는 공간에서 펼쳐지는 마법 같은 이야기는 그림의 언어로 풀어놓았기에 더 매력적으로 다가옵니다. 몽환적이고 환상적인 그림책의 세계에 푹 빠져 보시길 바랍니다.

③ 나는 안중근이다

글	김향금
그림	오승민
펴낸 곳	위즈덤하우스

8월 15일은 광복절입니다. 우리나라가 일제의 식민 통치에서 벗어나 주권을 되찾은 경사스러운 날이지요. 아이가 국경일을 노는 날, 쉬는 날로 인식하지 않도록 독립을 위해 목숨 바쳐 싸우신 안중근 의사의 이야기를 함께 읽어보세요. 위대하고 숭고한 희생정신에 고개가 절로 숙여질 것입니다.

책 엿보기 ○

러시아에서 중국 하얼빈으로 향하는 검은 열차가 바람을 가르며 달려옵니다. 기차 안에는 권총을 품에 안은 사나이, 안중근 의사가 타고 있었지요. 중국에 도착한 안중근 의사는 먼저 양복점에 들러 말끔한 양복을 사 입습니다. 이발소에서 머리카락을 짧게 자르고, 사진관에서 기념사진도 찍습니다. 거사를 위한 준비를 하며 그의 얼굴은 평온해 보였지만 눈빛은 날카롭게 빛나고 있었습니다.

나라의 독립을 위해 안중근 의사가 고향을 떠난 지도 벌써 3년. 학교를 세우고 의병 활동에도 가담했지만 나라를 구하지는 못했습니다. 다른 방법을 찾아 중국에 온 그의 마음은 바람에 흔들리는 촛불처럼 출렁거렸습니다.

드디어 10월 26일, 거사 당일 아침이 밝았습니다. 가톨릭 신자였던 안중근 의사는 나라의 독립을 구하는 기도를 올리고 일찌감치 하얼빈 역으로 향했습니다. 이토 히로부미를 환영하는 구름 같은 인파를 뚫고 그는 한 치의 오차도 없이 저격 목표를 향해 방아쇠를 당깁니다.

명성황후를 죽인 죄, 고종 황제를 강제로 물러나게 한 죄, 을사5조약과 정미7조약을 강제로 맺게 한 죄. 안중근 의사는 국가의 원수를 처단하고 하늘을 향해 큰 소리로 외칩니다.

"코레아 우라(대한민국 만세)."

안중근 의사는 도망치지 않고 그 자리에서 러시아 병사들에게 붙잡힙니다. 떳떳하기에 도망칠 이유가 없다고 생각한 그는 감옥에 갇혀서도 품위를 잃지 않았지요.

안중근 의사를 위험 인물로 판단한 일본은 서둘러 그에게 사형 선고를 내립니다. 그러나 그는 목숨에 연연하지 않고 판결을 받아들입니다. 나라를 위해 의롭게 싸웠던 안중근 의사, 그는 역사에 길이 남을 위대한 민족 영웅입니다.

함께 읽을 땐 ○

안중근 의사는 우리나라 국권 피탈의 원흉, 이토 히로부미를 저격한 독립운동가입니다. 이 사건으로 중국에서 사형 선고를 받고 순국하셨지요. 이 책은 1909년 10월 21일 아침, 안중근 의사가 거사를 치르기 위해 러시아에서 중국으로 이동하는 장면으로 시작됩니다. 거사를 준비하는 과정과 그의 속마음, 거사 당일 아침과 그의 마지막 순간까지. 안중근 의사의 마음이 되어 이야기를 읽어보세요. 감동의 깊이가 달라질 거랍니다.

이것만은 놓치지 마세요! ○

이 책엔 실제 안중근 의사가 했던 말들이 그대로 인용되어 있습니다. 사형 전날, 두 동생에게 남긴 유언도 실려 있지요. 그가 했던 말들을 따로 모아 천천히 다시 읽어보세요. 그의 위대한 생각과 정신을 오롯이 느낄 수 있는 동시에 가슴 속에서 뭉클한 무언가가 솟아오를 것입니다.

책을 읽은 후에는 ○

"우리가 손가락 하나씩 끊는 것은 비록 작은 일이나 나라를 위해 몸을 바치는 일이다."

　안중근 의사가 남긴 명언 중 마음에 드는 문장을 따라 써보세요. 문장에 내포돼 있는 의미를 떠올리며 그분의 숭고한 정신을 다시 한 번 되새겨 보세요.

함께 읽으면 좋은 책

　일제 강점기에 무고하게 희생된 사람들의 수는 헤아릴 수 없이 많습니다. 그중에는 꽃다운 나이에 강제로 끌려가 일본군의 성노예 생활을 해야 했던 분들도 계시지요.《평화의 소녀상》(글·그림 윤문영 / 내인생의책)은 위안부 문제에 대한 역사적 증거이자 세계를 향한 조용한 외침입니다. 잘못된 과거사 문제를 해결하기 위해선 우리 모두가 깨어 있어야 한다는 사실을 이 책이 다시금 일깨워 준답니다.

❹ 바삭바삭 갈매기

글·그림　전민걸
펴낸 곳　한림출판사

이맘때 극장가에선 꼬마 관객들을 위한 영화들이 속속 개봉합니다. 방학을 맞아 재미있는 영화 한 편을 즐기고 싶다면 애니메이션처럼 유쾌한 《바삭바삭 갈매기》를 읽어보세요. 재미는 물론 생각할 거리까지 던져주는 1석2조 그림책이랍니다.

책 엿보기　○

바닷가 큰 바위섬은 갈매기들의 집입니다. 갈매기들은 물고기를 잡아먹으며 평화롭게 살고 있었지요. 그러던 어느 날, 커다란 배가 바위섬 가까이 다가옵니다. 배에 탄 아이들은 갈매기들을 향해 무언가를 던져주었지요. 그것은 바로 바삭하고 짭조름한 과자. 갈매기들은 우연히 맛본 과자에 빠져 배 주위를 날기 시작합니다.

갈매기들은 과자를 따라 마을까지 날아옵니다. 잊을 수 없는 그 맛을 떠올리며 마을 이곳저곳을 돌아다니지요. 갈매기들은 과자 부스러기라도 먹기 위해 쓰레기통을 뒤지기 시작합니다.

주인공 갈매기도 과자를 찾기 위해 골목 깊숙이 침투해 들어갑니다. 그리고 대범하게도 상점에 들어가 과자 한 봉지를 통째로 훔쳐 나오지요. 상점 주인의 추격을 피해 골목 모퉁이로 몸을 숨긴 주인공 갈매기. 꿈에 그리던 과자를 맛보려던 순간, 주인공 갈매기는 끔찍한 광경을 목격합니다. 과자에 중독돼 새의 본성을 잃어버린, 비참한 갈매기들의 모습이었지요.

주인공 갈매기는 음습한 뒷골목에서 도망치듯 빠져나옵니다. 그리고 푸른 하늘을 향해 높이 날아오릅니다. 여전히 큰 배 주위를 맴도는 갈매기들을 지켜보며 주인공 갈매기는 마지막 과자 조각을 조용히 내려놓습니다.

함께 읽을 땐 ○

잘 만들어진 만화영화처럼 재미와 의미를 동시에 주는 그림책입니다. 주인공 갈매기, 갈매기 친구들의 대화를 애니메이션 더빙하듯 실감나게 읽어보세요. 읽는 재미가 배가될 거랍니다.

이것만은 놓치지 마세요! ○

어떤 것을 좋아하기 시작하면 계속해서 갈구하게 됩니다. 무언가에 중독되면 그 증상이 더욱 심해지지요. 욕구가 채워질 때까지 무서울 정도로 집착하는, 광적인 모습을 보이게 됩니다. 난생처음 과자 맛을 본 갈매기들도 마찬가지였습니다.

이 책엔 과자 맛에 중독돼 탐욕의 늪에 빠진 갈매기들이 등장합니다. 본성을 잃고 자기의 본래 모습까지 잃어버린 갈매기들은 날 수 없을 정도로 뚱뚱해져 자유마저 상실합니다. 욕망을 제어하는 것이 얼마나 중요한지 상징적으로 보여주는 것이지요.

우리 아이들도 갈매기들처럼 무언가에 심하게 빠져들 때가 있습니다. 가장 대표적인 것이 스마트폰과 게임이겠지요. 이 책을 읽으며 아이들과 함께 중독에 대한 이야기를 나눠보세요. 과자에 빠져 자기 삶을 잃어버린 갈매기들의 모습은 사실 우리의 모습일 수도 있다는 걸 깨닫게 도와주세요.

책을 읽은 후에는 ○

　책을 읽고 중독을 이겨낼 수 있는 셀프 처방전을 써보세요. 먼저 아이와 함께 실생활에서 자주 포착되는 잘못된 행동을 떠올려 보세요. 스마트폰을 지나치게 오래 사용하지는 않은지, 동영상 시청 시간이 너무 길지는 않은지, 패스트푸드나 과자를 너무 많이 먹고 있는 것은 아닌지 하나씩 점검해 보세요.

　만약 문제라고 생각되는 행동이 있다면 어떤 방법으로 개선해 나갈지 '처방전' 형식으로 써 보세요. 진짜 의사가 된 것처럼 스스로를 진단하고 처방을 내리면 아이들도 자연스레 자신의 잘못을 깨닫게 될 거랍니다.

함께 읽으면 좋은 책

　《바삭바삭 갈매기》가 중독 문제를 건드리고 있다면 《빨간 매미》(글·그림 후쿠다 이와오 / 책읽는곰)는 아이들의 도둑질을 소재로 삼고 있습니다. 양쪽 모두 우리 주변에서 쉽게 찾아볼 수 있는 민감한 사안이지요.

　주인공 이치는 국어 공책을 사러 갔다가 순간의 충동을 이기지 못하고 빨간 지우개 하나를 훔칩니다. 이후 이치는 도둑질을 했다는 죄책감에 불안한 시간을 보내지요. 시간이 지날수록 죄책감과 불안감은 눈덩이처럼 불어나고, 이치는 예민해진 마음을 난폭한 행동으로 표출합니다.

　양심의 가책으로 괴로워하던 이치는 용기를 내어 문방구 아주머니께 용서를 구합니다. 이치의 엄마는 아들을 혼내는 대신 곁에 서서 함께 고개를 숙입니다. 화난 표정으로 이치를 바라보던 문방구 아주머니는 이내 새끼손가락을 내밀며 이치의 마음을 받아줍니다. 이 책을 읽은 아이들은 스스로 깨닫게 될 겁니다. 정직한 마음과 용기 있는 행동이 잘못을 되돌리는 최선의 방법이란 걸요.

⑤ 비 오는 날에

글   최성옥
그림   김효은
펴낸 곳   파란자전거

여름엔 비를 빼놓을 수 없습니다. 장맛비가 장대같이 쏟아지는 날, 하염없이 주룩주룩 비가
오는 날, 강력한 바람과 함께 폭풍우가 몰아치는 날……. 비 때문에 꼼짝없이 갇혀 있다 보면
축축 처지고 우울해지기 마련입니다. 이런 날엔 보기만 해도 기분이 좋아지는 비타민 같은 책
들을 읽어보세요. 책의 긍정적인 기운이 쳐져 있던 몸과 마음을 일으켜 세워줄 거랍니다.

책 엿보기 ○

하늘에 구멍이라도 난 걸까요? 세찬 빗줄기가 쏟아져 내립니다. 아이는 노란 우산을 받
쳐 들고 집을 향해 달립니다. 번개까지 내리치는 오후, 아이는 담요를 뒤집어쓰고 엄마를
기다립니다.

쉴 새 없이 내리는 장대비에 누군가 아이를 찾아옵니다. 집이 물에 잠겨버린 개미가족
이네요. 물이 빠질 때까지 함께 있어도 되겠냐는 개미들의 요청에 소녀는 흔쾌히 문을 열
어 줍니다. 지칠 줄 모르고 쏟아지는 비에 고슴도치와 고양이, 곰도 소녀를 찾아옵니다. 아
이는 동물 친구들과 간식을 나눠 먹으며 즐거운 시간을 보냅니다.

동물 친구들이 찾아온 뒤에도 비는 그치지 않고 내립니다. 급기야 집 안까지 차오른 빗
물. 아이의 발 아래로 물고기들이 헤엄쳐 다닙니다. 계속해서 집 안으로 물이 들어차자 아
이는 동물 친구들과 함께 다락방으로 올라갑니다. 그리고 그곳에서 아주 특별한 무언가와

조우하게 됩니다.

아이는 비 덕분에 동물 친구들과 환상적인 시간을 보냅니다. 우리 아이들도 이 책 덕분에 비오는 날이 더는 지루하지 않게 느껴지겠지요. 비를 보면 저마다의 상상 속으로 풍덩 빠지게 될 테니까요.

함께 읽을 땐 ○

빗물이 떨어지는 소리를 아이와 함께 읽어보세요. 감각적인 빗소리가 마치 노랫가락처럼 리드미컬하게 들린답니다. 이야기를 읽으며 그림의 변화도 눈여겨보세요. 동물 친구들이 하나씩 늘어날 때마다 같은 공간이 어떻게 달라지는지 비교하며 읽는 재미가 쏠쏠하답니다.

이것만은 놓치지 마세요! ○

비오는 날 혼자 엄마를 기다려야 하는 아이의 마음은 과연 어떨까요? 무섭고 외로워서 울고 싶을지도 모릅니다. 그때 낯선 동물들이 아이를 찾아옵니다. 아이는 선뜻 문을 열고 친절을 베풀지요.

아이의 배려로 동물들은 비를 피하고, 동물들 덕에 아이는 외로움을 달랩니다. 상상 속 이야기지만 보기만 해도 마음이 따뜻해지는 훈훈한 모습이지요. 우리 아이들에게도 이 점을 꼭 알려주세요. 세상은 혼자일 때보다 함께일 때 더 살맛나는 법이라고요. 내가 베푼 작은 친절은 곧 큰 사랑이 되어 나에게로 다시 돌아온다고요.

책을 읽은 후에는 ○

비가 오면 우울해지기 쉽습니다. 온종일 집에만 갇혀 있다 보면 사소한 일에도 짜증이 나곤 하지요. 주인공에게 동물 친구들이 찾아왔던 것처럼 우리 아이들에게도 소소한 재미를 선사해 주세요. 우비를 입고 온몸으로 비를 맞아 보는 것도 아이에겐 신선한 경험이 될 수 있습니다. 투명 우산에 매직으로 그림을 그리는 것도 재미있지요. 평소 아이가 좋아하는 반찬을 함께 만들어 보는 것도 아이에겐 작은 기쁨이 될 수 있답니다.

함께 읽으면 좋은 책 🔖

장마가 길어질 때 책만큼 좋은 친구는 없답니다. 감동과 재미를 선사하는 이야기를 읽으며 지루한 시간을 이겨내 보세요. 《얼굴 빨개지는 아이》(글·그림 장자크 상페 / 열린책들)는 감동적인 우정 이야기입니다. 시도 때도 없이 얼굴이 빨개지는 마르슬랭과 요란한 재채기를 달고 사는 르네가 친구가 되는 과정을 담고 있지요. 둘은 아무 말 없이 앉아 있어도 전혀 지루하지 않은, 진정한 친구 사이입니다. 우리 아이들에게 마르슬랭과 르네처럼 평생 함께하고픈 인생 친구가 생기길 바라며 이 책을 읽어주세요.

진짜 재미있는 책 《고양이 해결사 깜냥 1: 아파트의 평화를 지켜라!》(글 홍민정·그림 김재희 / 창비)도 추천합니다. 이야기의 주인공은 떠돌이 고양이 깜냥입니다. 하룻밤 묵으러 아파트 경비실을 찾았다가 경비 조수가 되어 눈부신 활약을 펼칩니다. 책도 잘 읽고 춤도 잘 추는 매력 만점 고양이. 책을 읽고 나면 우리 동네에도 깜냥이 나타나 주길 진심으로 바라게 된답니다.

추억의 놀이!
그림책에서 숨은그림찾기

어렸을 적 숨은그림찾기에 푹 빠졌던 기억이 납니다. 하나하나 찾는 재미가 어찌나 쏠쏠한지 한 번 시작하면 다 찾을 때까지 목이 아파도 고개를 들 수 없었지요. 우리 아이들도 숨은그림찾기를 좋아합니다. 그림 사이사이, 숨어 있는 그림을 찾아내는 건 숨바꼭질처럼 마음을 두근거리게 만드니까요. 교묘히 숨어 있는 그림들을 다 찾고 나면 짜릿한 성취감도 느낄 수 있습니다. 숨은그림찾기가 두뇌 계발에도 도움이 된다니, 방학 동안 흥미진진한 그림책으로 숨은그림찾기를 해보는 건 어떨까요? 책도 읽고 두뇌도 계발하는 1석 2조 독서 놀이, 지금 소개합니다.

《오리를 따라갑니다》(글·그림 매그너스 웨이트먼 / 풀과바람)

동생 토끼가 물가에서 놀다 고무 오리 인형을 놓치고 말았네요. 토끼 형제들은 과연 떠내려가는 오리 인형을 잡을 수 있을까요? 책에서 아래의 그림들을 찾아보세요.

 찾아보세요

노란 오리, 롤러스케이트 타는 닭, 캠핑카 탄 여우 가족, 지팡이 든 염소, 낚시하는 양

《케이크 도둑》 (글 · 그림 데청 킹 / 거인)

평화롭던 어느 날, 쥐 두 마리가 멍멍이 부부의 초콜릿 케이크를 훔쳐갑니다. 케이크를 되찾으려는 부부와 도망가는 도둑들. 추격전이 벌어지며 이웃 동물들의 삶까지 비춥니다. 흥미로운 그림들 속에 다양한 이야기가 숨겨져 있는 그림책. 누가 빨리 찾나, 아이와 내기해 보세요! 《케이크 소동》《케이크 야단법석》도 함께 찾아보세요!)

 찾아보세요

케이크 든 도둑 쥐, 축구하는 개구리, 산책하는 돼지 가족, 핑크 모자를 쓴 토끼

《물고기는 어디에나 있지》 (글 · 그림 브리타 테큰트럽 / 보림)

바다와 강은 물론 사막의 땅속 물웅덩이에 사는 물고기까지 세상 모든 물고기를 살펴볼 수 있는 신기한 물고기 사전입니다. 물고기들에 대한 깨알정보가 가득한 이 책에는 작가가 낸 '숨은그림찾기'가 곳곳에 포진해 있답니다.

 찾아보세요

이 책 어딘가에 숨어 있는 앨퉁이 한 마리!

'I spy' 시리즈

이 책은 '숨은그림찾기'를 목적으로 태어난 책입니다. 책이 지시하는 대로 그림 속 숨겨진 물건들을 하나씩 찾아보세요. 아이가 영어 공부를 시작했다면 《I spy》 영문판을 활용해 보세요. 스트레스 없이 단어를 익힐 수 있는 효과적인 방법이 되어 줄 거랍니다.

9월

독서의 계절이 돌아왔다!

영혼을 살찌우는 '마음의 양식' 책 모음

가을은 독서의 계절입니다. 이맘때쯤이면 전국 곳곳에서 다양한 북페스티벌이 열리지요. 꼬마 독자들의 마음을 사로잡는 체험 행사도 다채롭게 진행됩니다. 평소 조용하던 도서관들도 들썩이기 시작합니다. 책과 멀어진 독자들이 다시 책과 친해지도록, 발길이 뜸했던 이용자들이 다시 찾아오도록 각양각색의 프로그램을 준비하고 기다립니다.

이번 가을엔 아이가 책과 한 뼘 더 친해지도록 다양한 문화 프로그램에 참여해 보세요. 책과 함께한 경험이 많을수록 책과 친해지고, 책과 친해져야 비로소 책을 사랑할 수 있게 되니까요.

아이와 함께 서점 투어도 떠나 보세요.《도토리 마을의 서점》처럼 작고 귀여운 서점,《있으려나 서점》처럼 독특하고 환상적인 서점이 우리 동네 어딘가에 숨어 있을지도 모릅니다.

추석 전엔 예절에 대한 이야기를 함께 읽어보세요. 어른들께 인사 잘하는 멋진 어린이가 될 수 있도록 말이지요.

우리에게 환상적인 감동을 선사하는 마법 같은 작품들도 선별해 놓았습니다. 책이 주는 감동과 지혜로 영혼을 살찌우는 9월 보내시길 바랍니다.

9월

일요일	월요일	화요일	수요일	목요일	금요일	토요일
			1	2	3	4
5	6	7 백로	8	9	10	11
12	13	14	15	16	17	18
19	20	21 추석	22	23 추분	24	25
26	27	28	29	30		

독서의 계절이 돌아왔다! **영혼을 살찌우는 '마음의 양식' 모음**

9월 4일 + 책벌레 이도 / 오늘은 도서관 가는 날 / 도서관에 간 사자 / 도서관 생쥐 / 도서관 고양이 듀이 /

수상한 도서관 / 도서관에 가지 마, 절대로

9월 7일 + 도토리 마을의 서점

9월 15일 + 책 먹는 여우와 이야기 도둑 / 놀고먹는군과 공부도깨비

9월 20일 + 찰리와 초콜릿 공장 / 추석 전날 달밤에 / 솔이의 추석 이야기

9월 27일 + 마법의 설탕 두 조각 / 오즈의 마법사 / 모리스 레스모어의 환상적인 날아다니는 책

① 도서관

글	사라 스튜어트
그림	데이비드 스몰
옮긴이	지혜연
펴낸 곳	시공주니어

도서관은 지식과 지혜가 가득 담긴 보물창고입니다. 우리 아이를 꿈으로 이끌어 줄 '보석'도 도서관 어딘가에 숨겨져 있지요. 아주 은밀하고 비밀스럽게, 아이 귀에 대고 속삭여 주세요. 반짝반짝 빛나는 보석 하나가 도서관 어딘가에서 널 기다리고 있다고요. 보물찾기 하듯 도서관 책들을 뽑아 읽다 보면 아이는 언젠가 황금보다 더 값진 교훈을 얻게 될 거랍니다.

책 엿보기 ○

한 마을에 엘리자베스 브라운이란 여자아이가 태어났습니다. 아이는 아주 어려서부터 책읽기를 무척 좋아했습니다. 인형놀이나 스케이트 타기보다 책을 좋아했고요. 잠들 때까지도 손에서 책을 놓지 않았지요. 엘리자베스는 친구들이 데이트를 할 때도, 새벽까지 춤을 추며 놀 때도 밤새도록 책만 읽었습니다.

어느 날 그녀는 기차를 타고 나갔다 길을 잃어버립니다. 그렇게 정착하게 된 마을에서 아이들을 가르치며 살아갔지요. 엘리자베스에게 필요한 건 오직 책뿐이었습니다. 길에서도, 시장에서도 읽고 또 읽었습니다. 운동을 할 때도, 청소를 하면서도 한시도 책에서 눈을 떼지 않았지요.

엘리자베스의 집은 온통 책으로 뒤덮였습니다. 책장은 책 무게를 이기지 못해 부러져버렸고 기둥을 따라 쌓여가던 책은 급기야 커다란 현관문까지 막아 버렸습니다. 그녀는 가슴

아프지만 더 이상 책을 살 수 없음을 인정하고 중대한 결심을 합니다. 책 읽는 기쁨을 온 마을 사람들과 나눈 엘리자베스 브라운. 이 이야기는 실존 인물인 메리 엘리자베스 브라운의 전기랍니다.

함께 읽을 땐 ○

엘리자베스 브라운은 아주 어렸을 때부터 책에 푹 빠진 '책벌레'였지요. 책의 어떤 점이 그녀를 사로잡았을까요? 아이와 함께 책이 좋은 이유를 하나씩 나눠 보세요.

얼토당토않은 답변이라도 책이 좋은 이유를 떠올린 아이를 듬뿍 칭찬해 주세요. 엘리자베스 브라운에게 그랬던 것처럼, 책은 평생 함께할 수 있는 친구같은 존재라고 이야기해 주세요.

이것만은 놓치지 마세요! ○

이야기 속 주인공처럼 이불 밑에서 손전등을 켜고 책을 읽어보세요. 날이 밝으면 아이와 손 잡고 도서관에 가보세요. (우리 동네엔 어떤 도서관들이 있는지 국가도서관 통계시스템www.libsta.go.kr으로 미리 확인해 보세요!)

아이에게 아직 대출증이 없다면 이번 기회에 아이 이름으로 된 대출증을 발급해 주시고, 언제든 아이가 가고 싶어 하면 함께 도서관에 가 주세요. 엄마와 아이, 각자 빌려온 책을 탑처럼 쌓아두고 가장 편안한 자세로 책을 읽어보세요. 하루, 이틀 그렇게 일 년이 지나고 나면 우리 아이는 어느덧 제2의 엘리자베스 브라운이 되어 있을 거랍니다.

책을 읽은 후에는 ○

엘리자베스 브라운에게 추천하고 싶은 우리나라 책을 떠올려 보세요. 책 제목과 그 책을 꼭 읽어야 하는 이유를 정리해 가상으로 편지를 보내 보세요. 아이가 아직 글을 쓰지 못한다면 그림을 그려도 좋습니다. 편지쓰기를 마치면 산타의 선물처럼 아이 몰래 답장을 남겨주세요. 내 이름이 적힌 편지를 받는다는 건 정말 특별한 경험이니까요.

함께 읽으면 좋은 책 🔖

우리나라에도 엘리자베스 브라운만큼 대단한 책벌레가 있었습니다. 바로 한글을 만드신 세종대왕님이시지요.《책벌레 이도》(글 정하섭·그림 조은희 / 우주나무)에는 자나 깨나 책에 빠져 지내던 세종대왕님의 어린 시절이 담겨 있습니다. 눈이 짓무를 정도로 책을 읽고도 지칠 줄 몰랐던 책 사랑. 책에 대한 열정이 백성과 나라를 위한 큰 뜻으로 어떻게 이어지는지 아이와 함께 확인해 보세요.

우리 아이를 책벌레로 만들고 싶다면 먼저 아이가 도서관과 친해질 수 있게 도와주세요.《오늘은 도서관 가는 날》(글 조셉 코엘료·그림 피오나 룸버스 / 노란돼지)을 읽으면 자연스레 도서관 이용 규칙을 익힐 수 있습니다. 도서관과 관련된 감동적이고 환상적인 책들도 도움이 되겠지요?《도서관에 간 사자》(글 미셸 누드슨·그림 케빈 호크스 / 웅진주니어)와《도서관 생쥐》(글·그림 다니엘 커크 / 푸른날개), 실화를 바탕으로 한《도서관 고양이 듀이》(글 비키 마이런, 브렛 위터·그림 스티브 제임스 / 웅진주니어)를 읽고 나면 아이들도 도서관을 낯설고 불편한 공간이 아닌 편안하고 즐거운 공간으로 인식하게 될 거랍니다.

초등생 이상 자녀에게는 미스터리한 사건이 흥미진진하게 펼쳐지는《수상한 도서관》(글 박현숙·그림 장서영 / 북멘토), 도서관에 대한 고정관념을 유쾌하게 비튼《도서관에 가지 마, 절대로》(글 이오인 콜퍼·그림 토니 로스 / 국민서관)를 추천해 주세요.

② 있으려나 서점

글·그림　요시타케 신스케
옮긴이　　고향옥
펴낸곳　　온다

동네서점들이 이른바 '핫 플레이스'로 주목받고 있습니다. 단순히 책을 판매하는 곳이 아니라 그림책 전문 책방, 문학 전문 서점처럼 독특한 큐레이션을 감상할 수 있는 문화 공간으로 탈바꿈했기 때문이지요. 편리한 온라인 서점도 좋지만 때론 소박하고 아기자기한 동네서점에 들러 주인장이 고심해 고른 책들을 살펴보세요. 책이 뿜어내는 고유한 정취는 작은 서점에서 더욱 오롯이 느낄 수 있답니다.

책 엿보기　◦

　어느 마을 한 귀퉁이에 '있으려나 서점'이 있습니다. 이곳은 여느 서점과는 사뭇 다릅니다. 세상 그 어떤 서점에서도 구할 수 없는 특이한 책들을 다루니까요. 그뿐인가요. 책과 관련된 도구와 일, 책으로 할 수 있는 흥미로운 이벤트, 도서관과 서점 정보까지 책에 대한 모든 것을 구할 수 있는 신기한 서점입니다.

　넉넉한 풍채에 인상 좋은 콧수염 아저씨가 바로 이 서점의 주인입니다. 조금 희귀한 책을 찾는 손님에겐 둘이서 읽는 책, 달빛 아래에서만 볼 수 있는 책처럼 정말 '희귀한 책'을 추천해 주고요. 독서 보조 도구를 찾는 손님에겐 어두운 데서 읽으면 야단치고 시끄러운 곳에선 귀를 막아주는 똑똑한 '독서 보조 로봇'을 알려줍니다.

　책과 관련된 일을 구하는 사람도 이 서점을 찾아옵니다. '독서 이력 수사관', '서점 직원

능력 향상 시리즈'처럼 참고할 만한 책들을 구할 수 있으니까요. 책과 관련된 이벤트와 명소는 이 책의 백미입니다. 서점 결혼식, 수중 도서관처럼 상상만으로도 즐거운 책의 세계가 화려하게 펼쳐집니다.

원하던 책을 구입하고 만족스러운 얼굴로 돌아가는 손님들을 보고 있으면 책 읽는 우리 아이들의 표정도 이들처럼 행복했으면 좋겠다는 마음이 간절해집니다. 참, 저도 찾고 있던 책이 있었는데 '있으려나 서점'에도 아직 그 책은 없다고 하네요. '확실한 베스트셀러 만드는 법', 혹시 보신 분이 계시다면 꼭 알려주세요.

함께 읽을 땐 ○

보기만 해도 실실 웃음이 배어나오는 책입니다. 가끔은 폭소가 터질 때도 있지요. 아이와 함께 책장을 넘기며 꼭 사고 싶은 책 세 권을 꼽아 보세요. 책에 나온 명소 중 가보고 싶은 곳에 대해서도 이야기 나눠 보세요. 읽다 보면 나누고픈 말이 많아지는 신기한 책이랍니다.

이것만은 놓치지 마세요! ○

'책을 좋아하는 사람들' 편에는 각기 다른 방식으로 책을 사랑하는 사람들의 모습이 나옵니다. 책에 바퀴를 달아 굴리는 걸 좋아하는 아이도, 책을 높이 쌓는 걸 즐기는 어른도 나오지요.

혹시 아이가 책으로 장난을 친다고 혼내신 적이 있나요? 그림만 보고 획획 넘긴다고 야단치신 적은요? 어쩌면 우리 아이들 역시 각자의 방식으로 책을 사랑하고 있었는지도 모릅니다.

여태 우리가 생각하지 못했던 방식으로 책을 바라보게 하는 고마운 작품입니다. 아이가 책으로 집을 짓고 울타리를 치더라도 긍정적인 마음으로 칭찬해 주세요. 책으로 칭찬 받은 아이는 책을 '내 편'으로 여기게 된답니다.

책을 읽은 후에는

'있으려나 서점'에서 판매할 법한 책을 각자 떠올려 보세요. '책을 싫어하는 아이를 위한 책', '읽으면 키가 커지는 책', '보고만 있어도 똑똑해지는 책' 등 터무니없는 내용일수록 대화가 더 재미있어질 거랍니다.

함께 읽으면 좋은 책

'있으려나 서점'에서 상상 너머의 책을 구경했다면 이번엔《도토리 마을의 서점》(글·그림 나카야 미와 / 웅진주니어)으로 떠나 보세요. 서점 주인과 직원, 인기 작가와 평론가 등 책 관련 직업과 사회성에 대해 배울 수 있는 유익한 책이랍니다. 마을 사람들의 모습을 통해 아이들은 책을 주제로 이야기하는 즐거움을 깨닫게 될 거랍니다.

❸ 책 먹는 여우

글·그림	프란치스카 비어만
옮긴이	김경연
펴낸 곳	주니어김영사

책으로 요리를 할 수 있다면 어떤 음식을 만들 수 있을까요? 그 맛은 과연 어떨까요? 소금과 후추를 뿌려가며 맛있게 책을 먹는 여우 아저씨에게 그 비법을 전수받아 보세요.

책 엿보기 ○

이 이야기의 주인공은 책을 좋아하는 여우 아저씨입니다. 책을 좋아해도 너무 좋아해서 다 읽은 책은 꿀꺽 먹어 치우지요. 그런데 책값이 좀 비싼가요. 하루 삼시 세끼, 매일같이 책을 먹어 치우다 보니 가난한 여우 아저씨는 더욱 가난해졌습니다.

배고픔에 허덕이던 여우 아저씨는 묘수 하나를 생각해 냅니다. 책이 가득 들어차 있는 도서관에 가기로 한 것이지요. 여우 아저씨는 어떤 책들이 입맛에 맞는지 면밀히 탐색한 다음 마음에 드는 책을 발견하면 가방에 쓱 넣어 집으로 돌아오곤 했습니다.

그러나 꼬리가 길면 잡히는 법. 예리한 눈으로 여우 아저씨를 지켜보던 도서관 사서가 아저씨의 아침 식사 장면을 목격합니다. 그날로 아저씨에겐 도서관 출입 금지 명령이 내려지지요.

굶주림에 지친 여우 아저씨는 결국 검은 복면을 둘러쓰고 서점 털이에 나섭니다. 하지만 이번에도 운이 따라주지 않습니다. 사정이 아무리 딱하다 해도 도둑질은 절대 해선 안

되는 일. 경찰에 체포돼 감옥에 갇힌 여우 아저씨는 '독서 절대 금지'라는 끔찍한 형벌을 받게 됩니다.

죽음을 예감한 순간, 꾀 많은 여우 아저씨에게 번뜩이는 아이디어가 떠오릅니다. 직접 책을 써서 그 책을 먹기로 한 것이지요. 온갖 듣기 좋은 말로 교도관을 꾀어낸 여우 아저씨는 간신히 종이와 연필을 손에 넣습니다. 그리고 그때부터 쉬지 않고 글을 쓰기 시작합니다.

과연 여우 아저씨는 계획대로 책을 배불리 먹을 수 있었을까요? 여우 아저씨에게 종이와 연필을 제공한 교도관은 어떻게 되었을까요? 무릎을 탁 치게 하는 기막힌 결말은 살포시 가려둡니다. 책에서 확인하세요.

함께 읽을 땐   ○

삽화 보는 재미가 쏠쏠한 책입니다. 어떨 땐 익살스럽기도, 어떨 땐 안타깝기도 한 여우 아저씨의 모습은 이야기의 즐거움을 배가시키죠. 책을 먹기 위한 고독한 사투! 아이와 함께 여우 아저씨의 모습을 상상하며 읽어보세요.

이것만은 놓치지 마세요!   ○

《책 먹는 여우》는 현대판 우화입니다. 책을 사랑하고 즐기는 사람이 '책 먹는 여우'만큼이나 찾아보기 어렵다는 속뜻이 담겨 있으니까요. 여우 아저씨가 책을 대하는 태도도 우리에게 시사하는 바가 큽니다. 공들여 책을 고르는 모습에선 자기 취향에 맞는 책을 신중히 고르는 자세를 엿볼 수 있고요. 책에 소금과 후추를 뿌려 먹는 모습에선 자기 생각(소금)과 감정(후추)을 덧붙여 읽는 독서법을 배울 수 있습니다. 수많은 이야기를 읽어 삼켰던 여우 아저씨가 자기만의 이야기를 창조해 내는 대목 역시 우리에게 큰 깨달음을 던져준답니다.

책을 읽은 후에는 ○

《책 먹는 여우》의 뒷이야기를 마음대로 상상해 보세요. 그리고 후속편《책 먹는 여우와 이야기 도둑》(글·그림 프란치스카 비어만 / 주니어김영사)을 읽어보세요. 내가 지어낸 이야기와 작가가 쓴 이야기를 비교하며 시리즈의 재미를 느껴 보세요.

함께 읽으면 좋은 책 🔖

이야기책《놀고먹는군과 공부도깨비》(글 김리리·그림 이승현 / 창비)에도 책을 사랑하는 도깨비가 등장합니다. 반면 한창 공부해야 할 사람 아이는 책을 지긋지긋하게 싫어하지요. 매일 놀기만 한다고 혼쭐이 난 아이와 책만 본다고 집에서 쫓겨난 도깨비의 만남. 과연 둘은 어떤 운명적 선택을 하게 될까요? 책을 싫어하는 아이도 흠뻑 빠질 재미난 이야기책입니다.

④ 아드님, 진지 드세요

글	강민경
그림	이영림
펴낸 곳	좋은책어린이

추석은 온 가족이 한자리에 모이는 우리 민족 최대 명절입니다. 오랜만에 일가 친척이 모두 모이는 자리인 만큼 말과 행동에 좀 더 신경을 써야겠지요? 즐거운 명절을 위해 우리 가족부터 고운 말과 높임말을 사용해 보세요. 말이 고와야 행동이 고와지고, 행동이 고와지면 마음까지 예뻐진다는 걸 우리 아이들에게 알려주시면서요.

책 엿보기 ○

아침부터 범수네 집에서 한바탕 소란이 일어납니다. 반말 대왕 범수의 말버릇이 엄마의 화를 돋운 것이지요. 어른들 말에 반말로 따박따박 말대꾸를 하는 범수. 엄마 아빠는 물론 할머니까지 기분이 상하고 맙니다. 범수는 만날 자기만 나무라는 어른들을 이해할 수 없습니다. 학교에선 다르니까요.

친구들이랑 있을 땐 말을 세게 하면 할수록 친구들이 우러러 보는 것 같아 우쭐해집니다. 그래서 범수는 학교에서도, 친구들에게도 마음 내키는 대로 말을 하곤 하지요. 급기야 담임선생님께도 반말처럼 말끝을 흐리다 꾸중을 듣고 맙니다.

아무리 야단쳐도 범수의 나쁜 말버릇이 고쳐지지 않자 엄마와 할머니가 팔을 걷어 부치고 나섭니다. 범수의 바른 언어 습관을 위해 비밀 작전을 펼치기로 한 것이지요. 위아래도 모르고 아무에게나 거친 말을 내뱉는 범수에게 엄마와 할머니는 존댓말을 하기 시작합니다. 진짜 왕자님처럼 범수를 정중히 떠받들어 준 것이지요.

엄마와 할머니의 변화에 어리둥절해하던 범수는 이내 상황을 즐기기 시작합니다. 마트에서도 태권도장에서도 엄마의 존댓말, 범수의 반말은 계속되지요. 이때, 예상치 못했던 의외의 복병이 등장합니다.

반말 대왕 범수를 깜짝 놀라게 한 사람은 과연 누구일까요? 범수는 나쁜 말버릇을 말끔히 고칠 수 있을까요? 예의 없는 아이들에게 일침을 날리는, 따끔한 충고 같은 이야기랍니다.

함께 읽을 땐 ○

인물들의 대화를 실감나게 읽어보세요. 아이가 글을 읽을 수 있다면 범수 역할을 아이에게 맡겨 보세요. 거칠고 무례한 범수의 말을 읽다 보면 아이 스스로 깨닫는 바가 클 거랍니다.

이것만은 놓치지 마세요! ○

말에도 온도가 있습니다. 예의바른 말이나 칭찬하는 말을 들으면 마음이 따뜻해지지요. 반면 거친 말이나 비난하는 말을 들으면 마음이 순식간에 얼어붙어 버립니다. 말은 사람의 기분을 살리기도, 상하게도 하는 엄청난 힘을 가지고 있는 것이지요. 들으면 행복해지는 말을 아이와 함께 주고받으며 말의 위대함을 느껴 보세요.

책을 읽은 후에는 ○

범수가 한 거친 말들을 상냥한 말로 바꿔 다시 읽어보세요. '존댓말 대장이 된 범수'로 뒷이야기를 꾸며 보는 것도 재미있을 거랍니다. 친구들 놀림에 기분이 상했을 때, 부모님께 야단맞고 화가 났을 때 어떻게 안 좋은 기분을 표현하면 좋을지 아이와 함께 이야기 나눠 보세요.

'가장 듣기 싫은 말'과 '가장 듣고 싶은 말'을 각자 적어 온 가족이 공유해 보세요. 평소 상대가 듣기 싫어하는 말은 가급적 피해 주시고요. 만약 꼭 해야 할 말이 있다면 기분이 상하지 않도록 부드럽게 표현해 주세요. 듣고 싶은 말은 일부러라도 더 많이 해주면 좋겠지요? 이렇게 서로를 배려하는 말을 주고받다 보면 가족 간의 사이가 더욱 돈독해질 겁니다.

함께 읽으면 좋은 책 🔖

아이들은 어리기 때문에 종종 실수를 합니다. 어른에게 반말을 하거나 무례한 행동을 하는 것도 규범과 예절에 미숙한 탓이 크지요. 하지만 단체 생활에서는 나이를 핑계로 잘못에 대한 책임을 피해 갈 수 없습니다. 그래서 어려서부터 어른과 친구에 대한 예의를 배우고 바르게 의사소통하는 방법을 연습해야 합니다.

《찰리와 초콜릿 공장》(글 로알드 달 · 그림 퀸틴 블레이크 / 시공주니어)에도 버릇없고 배려심 없는 아이들이 등장합니다. 범수가 담임선생님께 말끝을 흐렸다가 따끔히 야단을 맞는 것처럼 이 아이들 역시 비극적인 최후를 맞게 되지요. 추석 연휴를 이용해 아이와 함께 이 책을 읽어보세요. 기발한 상상력과 속도감 있는 전개로 술술 읽히지만 책장을 덮고 나면 우리 모습을 뒤돌아보게 되는, 반면교사 삼을 만한 책이랍니다.

추석을 맞아 명절 분위기를 돋우는 책도 잊지 말고 읽어보세요.《추석 전날 달밤에》(글 천미진 · 그림 정빛나 / 키즈엠)와《솔이의 추석 이야기》(글 · 그림 이억배 / 길벗어린이)에는 고향과 전통을 지키는 이웃들의 정겨운 모습이 고스란히 담겨 있답니다.

⑤ 당나귀 실베스터와 요술 조약돌

글·그림   윌리엄 스타이그
옮긴이   김영진
출판사   비룡소

우연히 마법의 돌을 손에 넣는다면 어떤 소원을 빌고 싶으신가요? 마법의 돌은 우리에게 찾아온 행운일까요? 불행의 씨앗일까요? 환상적인 이야기가 매력적인 오늘의 책을 읽으며 아이와 함께 상상의 날개를 활짝 펼쳐 보세요.

책 엿보기 ○

꼬마 당나귀 실베스터는 특이한 조약돌을 모으는 게 취미입니다. 비가 주룩주룩 내리는 어느 토요일, 실베스터는 시냇가에서 놀다 우연히 새빨간 돌을 발견합니다. 유리구슬처럼 빛나는 그 돌은 내리던 비를 갑자기 멈추게 할 수도, 다시 쏟아지게 할 수도 있는 요술 조약돌이었지요.

신비한 돌을 발견한 실베스터는 세상 모든 사람들의 소원을 들어주겠다며 신나게 집으로 달려갑니다. 하지만 딸기 언덕에서 굶주린 사자와 딱 마주치고 말지요. 깜짝 놀란 실베스터는 너무 당황한 나머지 바위가 됐으면 좋겠다고 말합니다.

진짜 바위가 되어 버린 실베스터는 딸기 언덕에서 꼼짝도 할 수 없게 됩니다. 요술 조약돌이 곁에 있어도 소원을 빌 수 없으니 무용지물이었지요. 실베스터는 졸지에 평생 바위로 살아야 할 운명에 처하고 맙니다.

실베스터의 사정을 알 리 없는 엄마 아빠는 아들을 찾기 위해 사방을 헤매고 다닙니다.

이웃들도, 경찰들도 실베스터를 찾아 나서지만 헛수고일 뿐이지요. 한 달 내내 실베스터를 찾아 헤맨 엄마 아빠는 결국 아들에게 끔찍한 일이 벌어졌다고 생각해 체념합니다.

그렇게 시간은 흘러 가을, 겨울이 가고 다시 봄이 찾아옵니다. 슬픔 속에 살아가던 실베스터의 부모님은 기운을 차릴 요량으로 딸기 언덕으로 소풍을 가지요. 엄마 아빠는 바위로 변한 실베스터 위에서 식사 준비를 하다 곁에 떨어져 있는 요술 조약돌을 발견합니다. 아들이 봤다면 좋아했을 그 조약돌을 아빠는 바위 위에 올려놓습니다.

바위로 변한 실베스터는 다시 당나귀로 돌아올 수 있을까요? 요술 조약돌은 실베스터가 바란 것처럼 모두의 소원을 들어줄까요? 마법 같은 이야기의 결말은 온 가족이 함께 책에서 확인하세요.

함께 읽을 땐　◦

요술 조약돌을 손에 넣는다면 어떤 소원을 빌고 싶은지 아이와 함께 이야기 나눠 보세요. 실베스터처럼 바위로 변한다면 어떤 기분일지 감정을 이입해 읽어보세요. 부모님과 아이가 각각 역할을 나눠 대사 부분을 소리 내어 읽으면 연극 같은 분위기를 연출할 수 있답니다.

이것만은 놓치지 마세요!　◦

가족 간의 사랑을 느낄 수 있는 가슴 뭉클한 이야기입니다. 실베스터를 애타게 찾아 헤매는 엄마, 아빠의 모습에선 자식에 대한 사랑이 절절하게 느껴집니다. 바위가 된 채 살아가는 실베스터의 모습에선 막막함과 외로움이 진하게 전해져 오지요. 아이들도 이 책을 읽으며 확실히 느끼게 될 것입니다. 나를 사랑하는 가족과 함께 있는 것이 세상에서 가장 큰 행복이라는 것을요.

책을 읽은 후에는 ○

바위로 변한 실베스터는 자는 것 외에 할 수 있는 일이 전혀 없었습니다. 그 점을 떠올리며 오늘만큼은 온 가족이 함께 감사 일기를 써 보세요. 이렇게 다같이 모여 일기를 쓰는 것도 누군가에겐 이루기 힘든 소원이란 걸 꼭 기억하면서요.

함께 읽으면 좋은 책 🔖

실베스터가 요술 조약돌을 계기로 가족의 소중함을 재확인했다면 렝켄은《마법의 설탕 두 조각》(글 미카엘 엔데·그림 진드라 케펙 / 한길사)을 통해 가족 관계에 대한 깊은 성찰을 얻습니다. 원하는 것을 들어주지 않는다는 이유로 엄마 아빠를 골탕 먹이려 했던 렝켄. 렝켄의 소심한 복수극이 어떻게 끝을 맺는지 아이와 함께 읽어보세요. (아이들 눈에서 엄마 아빠에 대한 원망과 미움이 이글이글 불타오를 때 소화기처럼 꺼내 읽어 주셔도 좋을 거랍니다.)

마법처럼 환상적인 경험을 제공하는 책들도 함께 꺼내 읽어보세요.《오즈의 마법사》나《걸리버 여행기》《이상한 나라의 앨리스》는 언제 읽어도 좋은 명작이랍니다. 초등 이상 자녀와는《나니아 연대기》《해리포터》시리즈를 함께 읽어보세요. 인간의 상상력엔 한계가 없다는 걸 책을 통해 절실히 깨닫게 될 거랍니다.

책과 사람의 관계를 서정적으로 변주한《모리스 레스모어의 환상적인 날아다니는 책》(글 윌리엄 조이스·그림 조 블룸 / 상상의힘)도 추천합니다. 우리 모두 한 권의 책과 같은 인생을 살아간다는 걸 상징적으로 보여주는 감동적인 책입니다. 책은 사람을, 사람은 책을 살아 숨쉬게 한다는 걸 우리 아이들에게 일깨워 주세요.(동명의 애니메이션도 꼭 함께 찾아보세요.)

놀러 오세요!
우리 집 책 축제

독서의 달 9월을 맞아 전국 곳곳에서 책 축제가 열립니다. 도서관이나 서점에서도 애서가들을 위한 문화 행사가 풍성하게 열리지요. 외부 행사에 참여하기 어렵다면 올해는 가까운 이웃이나 친구들을 초대해 우리만의 책 축제를 열어 보세요. 약간의 아이디어에 실천력을 더하면 누구나 어렵지 않게 해볼 수 있답니다.

1 축제 날짜와 시간을 정하고 가까운 이웃이나 친구, 아이의 친구들에게 초대장을 보내세요.

2 초대장은 부모님이 좋아하는 책 구절과 아이들이 그린 그림을 넣어 온 가족이 함께 만들어 보세요. 완성된 초대장을 사진으로 찍어 문자로 전송하면 간편하게 여러 사람에게 초대장을 보낼 수 있답니다.

3 행사 전날 밤엔 온 가족이 함께 알록달록한 풍선으로 집안을 꾸며 보세요. 초대한 친구와 이웃들에게 각자 좋아하는 간식을 조금씩 싸오도록 부탁하면 축제날 근사한 포트럭 파티도 즐길 수 있답니다.

4 아이의 친구들에겐 더 이상 읽지 않는 책을 여러 권 챙겨오게 하세요. 그리고 행사 당일 즉석에서 '책 벼룩시장'을 열어 주세요. 친구와 책 바꿔 보는 재미, 돈 버는 재미를 동시에 맛보며 아이들은 책과 한층 친해지게 될 거랍니다.

5 거실에선 가족들이 좋아하는 책을 전시하는 '우리 가족 인생 책' 프로그램을 진행해 보세요. 책마다 짤막한 추천사를 곁들이면 더욱 빛이 나겠지요? 주방에선 독후 체험 행사를 열어 보세요. 그림책《알사탕》을 읽고 여러 색의 캐러멜을 섞어 나만의 마법사탕을 만들어 보면 간단하고 재미있는 독후 활동이 된답니다.

* 행사를 진행하는 동안 아이들의 모습을 사진으로 많이 남겨주세요. 주변 사람들과 함께하는 책 잔치가 매년 전통처럼 이어진다면 가족 모두에게 평생 소중한 추억이 되겠지요?

먹는 기쁨, 읽는 재미!

눈과 입이 즐거운 '맛있는' 책 모음

햇과일과 햇곡식, 먹거리가 풍부한 10월, 이번 달엔 '책 맛'을 돋우는 환상의 짝꿍과 함께 독서의 즐거움을 만끽해 보세요.

《우리 반 오징어 만두 김말이》에는 떡볶이 국물 푹 찍은 튀김이 잘 어울립니다. 《짜장 짬뽕 탕수육》을 앞두고는 어떤 메뉴를 먹을지 갈팡질팡하게 될 거예요. 《한밤중 달빛 식당》에 들어가면 한참을 머물게 될지도 모릅니다. 책장을 열면 펼쳐지는 신비한 이야기 만찬. 책 읽는 아이들의 마음은 그 어느 때보다 설렐 겁니다.

10월 3일은 우리 민족 최초의 국가, 고조선 건국을 기념하는 개천절입니다. 아이와 함께 건국 신화와 단군왕검에 대한 책을 읽으며 역사에 대한 배경지식을 쌓아 보세요. 한글날(9일)엔 한글 탄생 배경과 과학적 창제 원리를 책에서 찾아보세요. 경찰의 날(21일)엔 시민의 안전을 위해 불철주야 애쓰시는 경찰관들의 노력을 헤아려 보세요.

우리 조상들은 한 해의 수확을 마무리하며 계절 음식으로 조상들께 차례를 지내곤 했습니다. 우리 음식으로 빚어낸 맛깔난 이야기들을 읽으며 전통의 의미를 되새겨 보는 것도 뜻 깊을 겁니다. 눈과 입이 즐거운 맛있는 책들과 함께 독서의 진정한 맛을 깨닫는 한 달이 되길 기원합니다.

10월

일요일	월요일	화요일	수요일	목요일	금요일	토요일
					1 국군의날	2
3 개천절	4	5	6	7	8 한로	9 한글날
10	11	12	13	14 중양절	15	16
17	18	19	20	21 경찰의 날	22	23 상강
24	25 독도의날	26	27	28	29	30
31						

먹는 기쁨, 읽는 재미! 눈과 입이 즐거운 '맛있는' 책 모음

10월 3일 + 단군신화

10월 9일 + 이럴 땐 어떻게 말해요? / 말들이 사는 나라

10월 14일 + 장군이네 떡집 & 소원 떡집 / 무궁화꽃이 피었습니다 / 똥떡 / 막걸리 심부름

10월 21일 + 전국 방방곡곡 어사 박문수가 간다 / 도토리 마을의 경찰관

10월 31일 + 힐다 시리즈 / 외딴 집 외딴 다락방에서 / 레오, 나의 유령 친구

① 맨 처음 우리나라 고조선

글	이현
그림	이광익
펴낸 곳	휴먼어린이

개천절은 우리 민족 역사상 최초의 국가인 고조선 건국을 기념하는 날입니다. 아이와 함께 우리의 뿌리와 역사에 대해 배울 수 있는 책을 읽어보세요. 전래동화처럼 재미있고 환상문학처럼 신비한 이야기에 아이도 푹 빠져들 거랍니다.

책 엿보기 ○

자동차도 TV도 없던 아주 먼 옛날, 사람들은 사냥을 하고 열매를 따며 하루하루를 살았습니다. 당시 사람들은 돌로 도끼와 칼 같은 도구를 만들어 사용했지요. 그때를 우리는 석기시대라고 부른답니다.

사람들은 점점 지혜로워져 동물 가죽으로 옷을 짓고 흙으로 그릇을 빚었습니다. 그리고 차츰 동굴에서 나와 가축을 기르고 농사를 지으며 살아가게 되었지요. 구리와 주석을 발견한 뒤엔 이를 녹여 청동기를 만들기 시작했습니다. 석기시대를 지나 청동기시대에 진입한 것이지요.

저 높이 하늘나라에서는 환인 임금의 아들 환웅이 사람들을 내려다보고 있었습니다. 환웅은 사람 세상으로 내려가고 싶은 마음이 간절했지요. 환인은 환웅의 소원을 들어주며 모두가 행복한 세상을 만들라 당부합니다. 환웅은 환인이 내린 세 가지 선물을 들고 바람을 다스리는 풍백, 구름을 다스리는 운사, 비를 다스리는 우사와 함께 사람 세상으로 내려옵니다.

하늘에 닿을 듯 높은 태백산으로 삼천여 명의 신하와 함께 내려온 환웅은 신시를 열고 사람 세상을 평화롭게 다스립니다. 그러던 어느 날 사람이 되고 싶어 하는 곰과 호랑이가 환웅을 찾아옵니다. 환웅은 백일 간 동굴 속에서 쑥과 마늘만 먹으며 지내라고 하지요. 호랑이는 참다못해 동굴 밖으로 뛰쳐나가지만 곰은 참고 견뎌 어여쁜 여인이 됩니다.

여인으로 변한 곰을 사람들은 웅녀라 불렀습니다. 환웅은 웅녀를 아내로 맞이하지요. 환웅과 웅녀 사이에서 건강한 사내아이가 태어납니다. 그 아이가 바로 우리 민족 최초의 나라, 조선을 세운 단군이지요. 지금으로부터 무려 사천 년 전, 아주 오래 전에 세워진 나라이기에 우리는 이 나라를 '고조선'이라 부른답니다.

함께 읽을 땐 ○

이야기는 석기시대에서 시작해 고조선이 세워진 청동기시대로 넘어갑니다. 시대별 특징과 생활상이 드러나는 부분에선 이야기를 잠시 멈추고 부연 설명을 곁들여 주세요. 아이들이 이해하기 어려운 단어는 그때그때 쉬운 말로 풀이해 주세요.

이것만은 놓치지 마세요! ○

이 책은 건국부터 멸망에 이르기까지 고조선의 시작과 끝을 모두 담고 있습니다. 아이들에게 친숙한 단군신화, 곰과 호랑이 이야기도 포함하고 있지요. 아이가 고조선 역사에 관심을 보인다면 관련 이야기를 더 찾아 읽어주세요. 아이의 눈높이에 맞는 한국사 책을 꾸준히 접하게 해주면 역사에 대한 관심과 흥미가 자연스레 높아진답니다.

책을 읽은 후에는 ○

단군이 하늘에 제사를 지냈다고 알려진 강화도 마니산의 참성단, 석기시대 사람들의 생활상을 엿볼 수 있는 서울 암사동 유적지 등에 아이와 함께 다녀와 보세요. 직접 찾아가 눈으로 보는 것만큼 확실한 역사 공부는 없답니다. 책 말미에 소개된 고조선 관련 유적과 유물도 꼭 확인해 보세요!

함께 읽으면 좋은 책

개천절을 맞아 우리 민족 시조의 이야기 《단군신화》(글 이형구·그림 홍성찬 / 보림)를 읽어 보세요. 단군의 탄생부터 어진 임금이 되기까지의 과정이 모두 담겨 있답니다. 권말엔 단군신화에 대한 해석과 관련 사료가 실려 있습니다. 이야기 속에서 유추할 수 있는 역사적 의미를 알고 나면 단군신화가 훨씬 더 흥미롭게 다가온답니다.

② 한글 우리말을 담는 그릇

글   박동화
그림   정성화
펴낸 곳 책읽는곰

한글은 세계적으로 우수성을 인정받은 우리 민족의 위대한 문화유산입니다. 세종대왕님은 글자를 몰라 고통 받는 백성들을 위해 한글을 만드셨지요. 유네스코에서도 세종대왕님의 뜻을 기려 문맹 퇴치에 힘쓴 사람들에게 '세종대왕 문맹 퇴치상'을 주고 있습니다. 한글날을 기념해 우리 글자 한글이 어떻게 만들어졌는지, 그 속엔 어떤 과학적 원리가 숨어 있는지 함께 알아볼까요?

책 엿보기 ○

옛날 우리 선조들은 중국 글자인 한자를 빌려 썼습니다. 우리말을 옮겨 담을 수 있는 글자가 없었기 때문이었죠. 하지만 한자는 우리말과 달라 사용하는 데 어려움이 많았습니다. 농사일에 바쁜 백성들은 배울 엄두조차 내지 못했지요.

한자를 모르는 백성들은 억울한 일을 많이 당했습니다. 문서 내용이 달라져도, 법이 바뀌었다는 방이 나붙어도 한자를 읽을 줄 모르니 번번이 곤욕을 치르곤 했습니다. 이런 백성들을 가엾게 여긴 세종대왕은 집현전 학자들과 함께 새로운 글자를 만들고 '훈민정음(한글의 옛 이름)'을 반포합니다. 백성을 가르치는 바른 소리. 누구나 쉽게 익히고 쓸 수 있는 우리 글자가 비로소 탄생한 것이지요.

한글 덕분에 백성들은 멀리 떨어져 사는 가족에게 편지를 쓰고 삶의 지혜를 글로 적어 자손에게 물려줄 수 있게 됐습니다. 농사짓는 법도, 병을 고치는 법도 쉬운 한글로 보고 익히니 백성들의 삶은 한층 풍요로워졌지요.

하지만 한글이 처음부터 모든 백성에게 환영받았던 것은 아닙니다. 일제 강점기엔 사라질 뻔한 위기에 처하기도 했지요. 우리 한글이 일부 양반들의 반대에 부딪쳐 만들어지지 않았더라면, 일제의 강압 속에 흐지부지 사라져 버렸다면 지금 우리는 어떤 삶을 살고 있을까요? 순탄치 않았던 한글의 역사를 되짚어 보며 우리말과 글의 소중함을 느껴 보시기 바랍니다.

함께 읽을 땐 ○

자음인 '닿소리'와 모음인 '홀소리'가 각각 어떻게 만들어졌는지, 창제 원리를 설명한 그림을 보며 손가락으로 글자 모양을 따라 써 보세요. 블록 놀이를 하듯 닿소리와 홀소리를 맞춰 가족들의 이름을 만들어 보세요.

이것만은 놓치지 마세요! ○

한글은 공기와 같습니다. 우리가 매일 살아가는 데 없어서는 안 될 중요한 존재지만 평소엔 그 소중함을 잘 인식하지 못하니까요. 이 책을 읽으며 아이와 함께 '한글 없는 세상'을 떠올려 보세요. 한글이 창제되지 않아 계속 한자를 빌려 써야 했다면, 한글이 중도에 사라져 다른 나라의 언어를 사용해야 했다면 지금 우리는 어떤 모습으로 살아가고 있을지 생각해 보세요.

언어는 대화의 수단이자 사고의 기틀입니다. 한 민족의 정신과 문화를 담아내는 그릇이기도 하지요. 언어를 잃는다는 건 민족 고유의 전통과 가치를 잃는 것과 같습니다. 세종대왕님의 후손으로서 한글을 어떻게 사용하고 지켜나갈지 아이와 함께 이야기 나눠 보세요.

책을 읽은 후에는 ○

　찰흙이나 쿠키 반죽을 이용해 자음과 모음을 만들어 보세요. 블록처럼 짜 맞추며 놀다 보면 훨씬 쉽고 즐겁게 한글의 원리를 익힐 수 있답니다. 소리와 모양이 재미있는 의성어나 의태어를 쓰고 글자를 그림처럼 꾸며 보는 활동도 추천합니다.

　기회가 된다면 국립한글박물관에 다녀오세요. 한글 창제 원리가 담긴 훈민정음 해례본을 직접 관찰할 수 있답니다. 우리말을 지키기 위해 애쓴 조선어학회 학자들, 최초의 한글 신문, 국어 교과서의 변천사 등 흥미로운 역사적 사료도 다양하게 전시돼 있습니다. 해설사 선생님을 따라 박물관을 한 바퀴 돌고 나면 한글이 걸어온 발자취를 더욱 알차게 살펴볼 수 있습니다. 온몸으로 놀며 한글 원리를 배울 수 있는 '한글 놀이터'에도 꼭 들러보세요.

함께 읽으면 좋은 책

　'사흘'이란 단어가 인터넷을 뜨겁게 달군 적이 있습니다. '세 날'을 뜻하는 '사흘'을 적지 않은 사람들이 '네 날'로 잘못 알고 있었던 것이지요. 일상생활에서 자주 쓰지만 뜻이 헷갈리는 우리말 표현, 아직 어린 우리 아이들에겐 더 어렵게 느껴지겠지요?

　《이럴 땐 어떻게 말해요?》(글 강승임·그림 김재희 / 주니어김영사)는 이런 문제를 속 시원하게 풀어 주는 해답지 같은 그림책입니다. 나이와 날짜, 물건 세는 단위처럼 실생활에서 빈번히 쓰이는 우리말 표현을 재미있는 상황을 통해 쉽게 설명해 줍니다. 책을 읽고 새롭게 배운 표현이 있다면 아이와 함께 일상생활에서 꼭 활용해 보세요.

　말의 쓰임에 대해 생각해 볼 수 있는 책도 한 권 추천합니다. 평소 아이의 언어 생활을 지도할 때 고운 말, 예쁜 말을 쓰라고 가르치시나요? '가는 말이 고와야 오는 말이 곱다'는 속담을 예로 들면서요. 이젠 아이들에게 잊지 말고 한 가지 더 알려주세요. 날카롭고 뾰족한 말도 상황에 따라선 꼭 필요한 때가 있다는 걸요.

아이와 함께 《말들이 사는 나라》(글 윤여림·그림 최미란 / 위즈덤하우스)를 읽어보세요. 예쁜 말과 고운 말이 능사가 아니란 걸, 꼭 필요한 상황에선 비판하는 말도 할 줄 알아야 한다는 걸 위트 있게 알려주는 책이랍니다. 잘못된 상황을 바로잡기 위해, 자신의 안전을 지키기 위해 할 말은 꼭 할 줄 아는 용기. 바른 언어 생활을 위해 반드시 갖춰야 할 마음가짐이랍니다.

❸ 만복이네 떡집

글	김리리
그림	이승현
펴낸 곳	비룡소

서점이나 도서관에 가면 음식을 소재로 한 책을 많이 찾아볼 수 있습니다. 기발한 아이디어가 톡톡 튀는 재미난 이야기들이 적지 않지요. 사실 먹거리는 우리 아이들이 무척이나 좋아하는 이야기 소재입니다. 햅쌀로 빚은 쫄깃한 떡처럼 맛좋고 영양가 높은 이야기들을 함께 읽어보세요.

책 엿보기 ○

　만복이는 어느 것 하나 부족함 없이 자란 부잣집 외동아들입니다. 가족들에게 사랑도 듬뿍 받고 머리도 똑똑해 어려운 수학 문제도 척척 잘 해결합니다. 복이란 복은 다 타고난 듯 부러울 게 없어 보이는 만복이지요.

　하지만 그런 만복이가 학교에선 욕쟁이, 심술쟁이, 깡패로 통합니다. 걸핏하면 시비를 걸고 나쁜 말을 일삼으니 친구도 거의 없지요. 사실 만복이도 마음이 편하지는 않습니다. 처음부터 친구들에게 심술을 부리려던 건 아니었으니까요. 그런데 어찌 된 영문인지 입만 열면 자꾸만 미운 말이 튀어나옵니다. 걱정이 되어 타이르는 선생님께도 버럭 짜증을 부리고 만 만복이. 결국 부모님까지 모셔 와야 할 상황에 처합니다.

　그러던 어느 날, 만복이는 자기 이름과 똑같은 이름의 떡집을 발견합니다. 떡을 좋아하는 데다 배까지 고팠던 만복이는 무작정 떡집 안으로 들어갑니다. 그런데 참 신기하지요?

입에 척 들러붙어 말을 못하게 하는 찹쌀떡, 달콤한 말이 술술 나오는 꿀떡처럼 바구니마다 이상한 쪽지가 붙어 있지 뭐예요? 가격도 참 별났지요. 찹쌀떡을 먹으려면 착한 일 한개, 꿀떡을 먹으려면 아이들 웃음 아홉 개를 내야 한다니. 먹고 싶은 마음에 슬쩍 손을 대보지만 떡은 감쪽같이 사라지고 맙니다.

선생님이 억지로 시켜서 했던 착한 일 하나로 쫄깃한 찹쌀떡을 맛본 만복이는 그때부터 맛 좋은 떡을 먹기 위해 선행을 베풀기 시작합니다. 신비한 떡집에서 새로운 떡을 맛보며 만복이는 이제껏 모르고 지냈던 배려와 친절의 미덕을 하나씩 배우게 됩니다.

심술쟁이 만복이는 과연 상냥하고 친절한 아이로 거듭날 수 있을까요? 만복이네 떡집은 누구에게나 열려 있는 걸까요? 보고 또 봐도 재미있는 만복이네 떡집, 아이와 함께 꼭 읽어보세요.

함께 읽을 땐   ○

쫄깃한 가래떡, 영양 만점 쑥떡, 보들보들 백설기……. 읽다 보면 떡 생각이 간절해지는 맛있는 이야기입니다. 아이가 좋아하는 떡이 있다면 간식으로 준비해 놨다 함께 먹으며 읽어보세요. 책 읽는 재미가 배가될 거랍니다.

이것만은 놓치지 마세요!   ○

우리 아이들도 험한 말을 할 때가 있습니다. 친구들에게 거칠게 행동할 때도 있지요. 나도 어찌할 수 없는 충동적인 순간은 사실 누구에게나 찾아오기 마련입니다. 생각과 행동의 불협화음은 다 큰 어른들도 종종 겪는 일이니까요.

만복이처럼 거듭된 실수로 움츠러든 아이에게 진짜 필요한 건 무엇일까요? 눈물 쏙 빠질 만큼 따끔한 훈육만은 아닐 것입니다. 우리 아이들에게 진정 필요한 건 스스로 반성하고 뉘우칠 시간, 실수를 만회할 수 있는 충분한 기회일 테지요.

이야기 속 만복이처럼 설명할 수 없는 이유로 심술이 날 때, 자꾸만 친구에게 톡 쏘아붙이고 싶을 때 엄마에게 먼저 말해 달라고 아이에게 귀띔해 주세요. 대인관계나 감정 조절은 어른들도 해내기 어려운 일이란 걸, 그래서 많은 노력과 연습이 필요하단 걸 아이에게 설명해 주시면서요. 그리고 원한다면 언제든 '엄마표 마법의 떡'을 준비해 주겠노라고 이야기해 주세요. 엄마의 응원만으로도 아이는 잘못을 만회하고픈 의지가 불끈 솟아오를 거랍니다.

책을 읽은 후에는 ○

여러 가지 떡을 준비한 다음 새롭게 이름을 지어 보세요. 이름에 특별한 뜻이나 소원을 담으면 더 의미있겠지요? 예를 들어, 아이가 줄넘기를 못해 속상해한다면 가래떡을 얇게 밀어 줄넘기 모양으로 만들어 보세요. '쌩쌩이 떡'이란 이름을 붙이고 '한 줄 먹을 때마다 줄넘기 10개씩 더 하게 되는 떡'이란 설명을 곁들이면 더욱 재미있을 겁니다. 온 가족이 맛있게 떡을 먹고 함께 공터에 나가 줄넘기를 한다면 금상첨화겠지요.

함께 읽으면 좋은 책 🔖

《만복이네 떡집》을 즐겁게 읽었다면 후속작《장군이네 떡집》과《소원 떡집》도 읽어보세요. 아이들이 겪는 현실적인 문제를 환상적으로 풀어주는 떡집 시리즈엔 무너진 자존감을 회복하고 자기 긍정의 힘을 배울 수 있는 방법이 녹아 있습니다. 세 권 모두 재미에 의미까지 더한, 보기 드문 수작이랍니다.《무궁화꽃이 피었습니다》(글 천미진·그림 강은옥 / 키즈엠)에는 깜찍한 볼거리와 깨알 같은 웃음이 숨어 있습니다. 떡들이 모여 벌이는 숨 막히는 전통놀이 한판, 읽다보면 저절로 엉덩이가 들썩인답니다.

우리 문화 그림책 《똥떡》(글 이춘희·그림 박지훈 / 사파리)도 빼놓지 마세요. 똥통에 빠진 준호와 성질 나쁜 뒷간 귀신의 이야기는 우리 아이들의 호기심을 콕콕 자극할 거랍니다. 바쁜 수확철, 옛 농촌의 모습을 엿볼 수 있는 《막걸리 심부름》(글 이춘희·그림 김정선 / 사파리)도 무척 재미있습니다. 잊혀져 가는 전통문화를 이야기로 배울 수 있는 기회, 절대 놓치지 마세요!

④ 출동! 마을은 내가 지킨다

글	임정은
그림	최미란
펴낸 곳	사계절

용감하고 정의로운 경찰은 아이들에게 선망의 대상이 되곤 합니다. 멋진 제복을 입고 범인을 제압하는 경찰의 모습은 슈퍼 히어로를 연상케 하지요. 경찰의 날을 맞아 그분들의 역할과 삶에 대해 알려주는 책을 읽어보세요. 책장을 덮고 나면 경찰이란 직업에 더 큰 매력을 느끼게 될 거랍니다.

책 엿보기 ○

윤성훈 경사는 서울 호수경찰서 송화 지구대에서 근무합니다. 박동준 순경은 송화 지구대에 들어온 새내기 경찰이지요. 윤 경사는 제일 먼저 박 순경에게 지구대 곳곳을 소개해 줍니다. 시민들을 맞이하는 민원실, 총기류를 보관하는 무기고, 지구대의 살림을 맡아 보는 행정실 등 다양한 목적을 가진 공간들이 지구대를 구성합니다.

두 사람이 가장 먼저 할 일은 마을 순찰입니다. 골목 곳곳을 돌며 살피는 일이지요. 순찰을 돌던 중 빈집에 도둑이 들었다는 신고가 들어왔네요. 두 사람은 사이렌을 켜고 쏜살같이 현장으로 달려갑니다. 윤 경사와 박 순경은 초동 수사를 마치고 다시 순찰을 나갑니다. 앗! 이번엔 날치기 오토바이가 나타났네요! 두 사람은 도망치는 범인을 재빠르게 뒤쫓습니다.

밤낮 없이 일어나는 범죄와 맞서기 위해 24시간 불을 밝히는 지구대. 윤 경사와 박 순경도 번갈아 가며 밤에 출근을 합니다. 실종 신고가 들어왔을 때도, 교통사고가 일어났을 때도 두 사람은 사건을 해결하기 위해 총력을 다합니다. 한밤중 술에 취한 사람들을 무사히 집으로 돌려보내는 것도, 어린이들에게 안전 교육을 하는 일도 경찰의 중요한 임무랍니다.

현장감 넘치는 이야기, 익살스러운 그림이 읽는 재미를 더하는 책입니다. 읽고 나면 안전 지식까지 차곡차곡 쌓이는, 고마운 인문교양 그림책이랍니다.

함께 읽을 땐 ○

경찰 업무에 대한 지식과 정보가 상세한 그림과 함께 자세히 소개됩니다. 경찰차 내부는 어떻게 생겼는지, 경찰에게 잡힌 범인은 어떻게 되는지 평소 아이들이 궁금해할 만한 부분들을 속 시원히 해결해 주지요. 초동 수사, 과학수사팀, 미란다 원칙 등 낯설지만 알아두면 도움이 되는 용어도 친절하게 설명해 줍니다. 탄탄한 배경지식이 될 깨알 정보까지 꼼꼼히 읽어보세요.

이것만은 놓치지 마세요! ○

살다 보면 예기치 않은 상황으로 경찰의 도움을 받아야 할 때가 생깁니다. 경찰의 도움이 필요할 땐 어떻게 해야 할까요? 이야기를 읽고 책 말미에 수록된 부록도 꼭 챙겨 보세요. 112신고센터에 신고가 접수된 후 경찰이 사건 현장에 도착하기까지의 전 과정이 상세히 나와 있답니다.

일상생활에서 일어나는 다양한 사건, 사고를 해결하기 위해 경찰들은 일을 나누어 문제를 처리합니다. 교통사고를 예방하고 조사하는 경비교통과, 남을 속이는 사건을 전담하는 수사과, 범인을 잡는 형사과 등 경찰들이 하는 업무에 대해서도 자세히 설명돼 있습니다. 드라마, 영화 등의 영향으로 과학수사팀이나 사이버수사팀에 대한 우리 아이들의 관심도 높아졌지요? 아이와 함께 책을 읽으며 미래의 꿈이나 진로로 대화의 주제를 확장시켜 보세요.

책을 읽은 후에는 ○

책을 읽고 경찰박물관에 다녀와 보세요. 경찰의 역사는 물론 경비경찰, 마약수사대 등 각기 다른 임무를 수행하는 경찰에 대해 자세히 배울 수 있습니다. 다채로운 체험 장비를 직접 다루고 만져볼 수 있어 실제 경찰이 된 것 같은 기분이 든답니다.

함께 읽으면 좋은 책

경찰에 대한 다양한 이야기를 만나 보세요. 《전국 방방곡곡 어사 박문수가 간다》(글 박민호·그림 이지연 / 머스트비)를 읽으면 조선시대 탐관오리를 벌했던 정의의 사도, 암행어사의 활약상을 살펴볼 수 있습니다. 귀엽고 깜찍한 《도토리 마을의 경찰관》(글·그림 나카야 미와 / 웅진주니어)도 하루 종일 쉬지 않고 주민들의 안전을 위해 일한답니다.

⑤ 마녀 위니와 유령 소동

글	밸러리 토머스
그림	코기 폴
옮긴이	노은정
펴낸 곳	비룡소

'핼러윈 데이'는 우리 아이들이 좋아하는 외국의 축제날입니다. 거미젤리나 눈알사탕처럼 특이한 간식을 먹으며 핼러윈 분위기 물씬 풍기는 달콤살벌한 책을 읽어보세요. 이제는 하나의 놀이 문화로 자리 잡은 핼러윈 데이, 책을 읽으며 재미에 의미까지 더해 보는 건 어떨까요?

책 엿보기 ○

볕 좋은 오후, 마녀 위니가 단잠에 빠져 코를 골기 시작합니다. 검은 고양이 윌버도 막 낮잠을 자려던 참이었지요. 그런데 어디선가 벌 한 마리가 위니의 집 안으로 날아듭니다. 평소 호박벌 잡기를 좋아하는 윌버가 가만히 있을 리 없지요. 펄쩍펄쩍 뛰던 윌버는 실수로 꽃단지 위로 떨어지고 맙니다.

요란한 소리에 놀라 벌떡 일어난 위니는 더듬더듬 안경을 찾기 시작합니다. 윌버는 바쁘게 몸을 숨기려다 커튼을 떨어뜨리고 샹들리에까지 와장창 깨뜨려 버리지요. 윌버가 범인이란 걸 알 리 없는 위니는 집에 유령이 들었다며 호들갑을 떱니다.

위니는 똑똑히 보이지도 않는 마법 책을 들고 주문을 외웁니다. 집안에 무시무시한 유령이 들었으니 안경 찾을 새도 없이 냉큼 주문부터 외우고 만 것이지요. 그런데 이를 어쩌면 좋을까요. 잘못된 주문 때문에 위니의 집이 진짜 '유령의 집'으로 변하고 말았네요.

유령 소굴이 된 집에서 위니는 살아남을 수 있을까요? 윌버는 과연 어디에 숨어 있는 걸까요? 마녀 위니의 오싹한 유령 소동, 결말은 책에서 확인하세요.

함께 읽을 땐 ○

그림 보는 재미가 쏠쏠한 책입니다. 마녀 위니의 집에 어떤 물건이 놓여 있는지 구석구석 꼼꼼히 살펴보세요. 위니를 피해 숨어 있는 검은 고양이 윌버도 눈 크게 뜨고 찾아보세요.

이것만은 놓치지 마세요! ○

가능하다면 오늘만큼은 부모님께서 아이의 요술 지팡이가 되어 주세요. 함께 컵케이크를 굽고 지렁이 모양 젤리로 장식하거나 호박 모양 바구니에 사탕, 초콜릿 등을 가득 채워 선물해 주세요. 페이스 페인팅으로 귀신 분장을 하거나 유령이 나오는 애니메이션을 보는 것도 재미있을 겁니다. '어른 말씀 잘 들으면 자다가도 떡이 생긴다'는 속담처럼 가끔은 이런 이벤트를 통해 '책 잘 읽으면 평일에도 선물을 받는다'는 독서 공식을 각인시켜 주세요.

책을 읽은 후에는 ○

까만 도화지 위에 무시무시한 미라, 털북숭이 거미, 송곳니 나온 박쥐를 그려보세요. 하얀 펜을 이용해 유령의 집을 그려봐도 재미있겠지요? 아이와 함께 휴지심, 털실, 색종이 등을 이용해 핼러윈 소품도 만들어 보세요. 휴지 심을 까맣게 색칠한 뒤 까만 날개를 붙여 낚시 줄로 매달면 작은 박쥐처럼 보인답니다. 하얀 부직포에 얼굴 크기로 해골 모양을 그린 다음 눈, 코, 입 부분을 알맞게 뚫어주면 해골 가면이 만들어지지요.

아이와 함께 특별한 식사도 준비해 보세요. 빨간 토마토 스파게티 위에 유령 모양으로 자른 치즈를 올리고, 붉은 석류 주스를 유리 컵 가득 따라 놓으면 훌륭한 핼러윈 만찬이 완성된답니다.

함께 읽으면 좋은 책 🔖

마녀 위니 시리즈는 엉뚱한 상상력과 따뜻한 이야기로 전 세계 아이들의 사랑을 받는 작품입니다. 이 책을 재미있게 읽었다면 다른 이야기들도 모두 찾아 읽어보세요. 아이가 판타지를 좋아한다면 힐다 시리즈도 추천합니다. 용감한 꼬마 소녀 힐다가 트롤, 거인, 말하는 새 등을 만나며 벌이는 모험담은 핼러윈 분위기와 잘 어울린답니다.

낯선 곳에서의 하룻밤도 오싹한 체험이 될 수 있습니다.《외딴 집 외딴 다락방에서》(글 필리파 피어스 · 그림 앤서니 루이스 / 논장)는 바로 그런 이야기입니다. 마지막 장을 넘길 때 엄습하는 공포는 이 책에서만 맛볼 수 있는 묘미랍니다! 한 편의 영화 같은 그림책《레오, 나의 유령 친구》(글 맥 바넷 · 그림 크리스티안 로빈슨 / 사계절)는 여운을 남기는 이야기입니다. 눈에 보이지 않는다고 해서, 나와 다르다고 해서 무서워하거나 달아날 필요는 없답니다.

우리는 한글 지킴이

한글이 파괴되고 있다는 말, 많이 들어보셨을 겁니다. 요즘 유행하는 신조어와 줄임말 중엔 도통 이해할 수 없는 말들이 적지 않지요. 아이들이 쓰는 은어나 비속어, 욕설도 무시할 수 없는 수준에 이르렀습니다. 말은 매일 조금씩 굳어지는 습관에 가깝습니다. '말 한마디'를 바꾸는 게 생각처럼 쉽지 않은 이유도 이 때문이지요. 아이들의 잘못된 언어 사용에 일침을 가할 작품 두 편을 소개합니다. 바른 언어 습관은 한글의 품위를 지킴과 동시에 내 인격을 높이는 길이란 걸 책을 통해 아이들에게 일깨워 주세요.

《개 사용 금지법》(글 신채연 · 그림 김미연 / 잇츠북어린이)

2학년 봉달이는 또래보다 작은 키가 콤플렉스입니다. 키가 큰 형들처럼 멋있어 보이고 싶었던 봉달이는 고민 끝에 형들의 거친 말투를 따라하기 시작합니다. 맛있을 땐 "개 맛있어!", 화가 날 땐 "개 짜증나!", 거짓말을 하곤 "개 떨렸어!" 봉달이는 말끝마다 '개' 자를 붙이기 시작합니다.

주변에선 그런 봉달이를 보며 눈살을 찌푸리지만 정작 당사자인 봉달이는 심드렁하기만 합니다. 요즘엔 다 이렇게 말하니까요. 문제는 엉뚱한 곳에서 터집니다. 똑똑하고 충직한 개들의 이미지를 실추시켰다며 동네 개들이 들고 일어난 것이지요. 동네 최고의 '개' 사용자로 등극한 봉달이는 전설의 마법에 걸려 절체절명의 위기에 처하게 됩니다.

— 우리말 중엔 '개' 자가 포함된 단어나 비속어, 속담이 상당히 많습니다. 그렇다고 맥락 없이 아무 때나 그런 말들을 사용해선 안 되겠지요. 이야기를 읽으며 비속어를 사용하는 것은 멋진 행동이

아니라 상대방의 기분을 상하게 하는 행동이란 걸 아이에게 꼭 알려주세요. 또 남들이 사용한다고 해서 비속어를 아무 생각 없이 따라 써서도 안 된다는 걸 다시 한 번 짚어 주세요.

《욕 좀 하는 이유나》(글 류재향 · 그림 이덕화 / 위즈덤하우스)

학교에서 '욕 좀 하는 애'로 통하는 유나는 숫기 없는 친구 소미에게 특별한 의뢰를 받습니다. 화가 날 때 속 시원하게 욕을 해보고 싶다며 특별 지도를 부탁해 온 것이지요. 남들이 쓰는 하찮은 욕 말고 '창의적인 욕'이란 조건까지 붙었습니다.

유나는 친구의 주문에 따라 국어사전을 펼쳐들고 우리말을 연구하기 시작합니다. 소미가 이런 부탁을 하게 된 속사정을 알게 된 후에는 논리적이고 치밀하게 복수 작전을 짜지요. 유나는 '들으면 기분 나쁜 신비한 우리말 모음'으로 소미를 대신해 복수에 성공합니다. 그러나 곧 무언가 크게 잘못됐다는 것을 깨닫게 되지요.

──── 욕을 재미를 주는 도구로 가볍게 소비하기보다 교훈을 주는 소재로 삼았다는 면에서 의미 있는 작품입니다. 살짝 걱정이 될 만큼 이야기 속에 욕설이 난무하지만, 덕분에 밝고 고운 말의 가치도 더욱 극명하게 드러납니다. 나를 '함께 있고 싶은 사람'으로 만들어 주는 말은 욕이 아닌 고운 말이란 걸 우리 아이들도 책을 읽으며 자연스레 느끼게 될 것입니다.

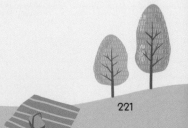

11월

책날개 타고 떠나는 상상 여행!

책과 사랑에 빠지는 '환상적인' 이야기 모음

바람이 매서워지는 11월입니다. 겨울의 문턱에 들어서는 입동立冬도 얼마 남지 않았네요. 이맘때가 되면 각 가정에선 이듬해 먹을 김치를 담그느라 분주해집니다. 떠들썩한 잔칫날처럼 온 가족이 모여 김장한 날엔 재미있는 김치 이야기를 읽으며 하루를 마무리해 보세요.

추워진 날씨 탓에 감기 걸리는 아이들이 부쩍 늘어나는 시기이기도 합니다. 그런데 감기 바이러스보다 더 독한 소문 바이러스가 우리를 호시탐탐 노리고 있다는 사실, 알고 계신가요? 평화로운 공동체를 순식간에 무너뜨리는 무시무시한 소문 바이러스! 꾸준한 운동과 독서로 몸과 마음의 건강 모두 챙기시길 바랍니다.

올해의 첫눈을 기다리며 환상적이고 몽환적인 눈 이야기를 읽어보세요. 서로의 체온을 나누며 시린 눈의 감촉을 떠올려 보는 것만으로도 아이들은 황홀한 시간을 보낼 수 있을 거랍니다.

올 한 해도 이제 얼마 남지 않았습니다. 지금까지 부모님과 열심히 책을 읽은 우리 아이들을 듬뿍 칭찬해 주세요. 그리고 끝까지 최선을 다하자고 힘차게 격려해 주세요.

11월

일요일	월요일	화요일	수요일	목요일	금요일	토요일
	1	2	3	4	5	6
7 입동	8	9 소방의 날	10	11	12	13
14	15	16	17	18	19	20
21	22 소설	23	24	25	26	27
28	29	30				

책날개 타고 떠나는 상상 여행! 책과 사랑에 빠지는 '환상적인' 이야기 모음

11월 7일 + 괴물이 나타났다! & 콩이네 옆집이 수상하다! / 똑똑해지는 약 / 소문 바이러스

11월 9일 + 출동 119! 우리가 간다 / 천하무적 조선 소방관

11월 20일 + 김장하는 날은 우리 동네 잔칫날! / 달려라! 김치 버스

11월 22일 + SNOW / 눈사람 아저씨

11월 30일 + 안녕, 나의 등대 / 기억의 풍선

① 감기 걸린 물고기

글·그림 박정섭
펴낸 곳 사계절

《감기 걸린 물고기》는 제목부터 호기심을 콕콕 자극하는 흥미로운 그림책입니다. 감기에 걸린 물고기라니. 물고기가 정말 감기에 걸릴 수 있을까요? 누군가 일부러 지어낸 고약한 거짓말은 아닐까요? 이 책은 은밀하게 틈입해 순식간에 관계를 해치는, 무시무시한 소문에 대한 이야기랍니다.

책 엿보기 ○

배고픈 아귀 한 마리가 있습니다. 마음 같아선 물고기를 실컷 잡아먹고 싶지요. 하지만 떼로 움직이는 물고기들은 그리 호락호락한 상대가 아닙니다. 골똘히 생각에 잠겨 있던 아귀에게 기막힌 생각이 떠오릅니다.

"얘들아~ 빨간 물고기가 감기에 걸렸대."

물풀 사이에 숨은 아귀가 소문을 퍼뜨립니다. 물고기들은 들은 척도 하지 않지요. 그때 아귀가 그럴싸한 설명을 덧붙입니다. 빨간 물고기가 빨간 건 열이 펄펄 나기 때문이라고요. 순간, 하나로 모여 있던 물고기들이 흩어지기 시작합니다.

조용히 흘러든 소문 하나가 똘똘 뭉쳐 있던 물고기 떼를 혼란에 빠뜨립니다. 터무니없는 말이라며 무시하는 물고기보다 의심 없이 소문을 받아들이고 부풀리는 물고기가 더 많습니다. 오래지 않아 한 마리씩 빨간 물고기들을 외면하기 시작합니다. 아귀의 계산이 정확히 맞아 떨어진 것이지요. 그렇게 빨간 물고기들은 아귀의 입속으로 사라집니다.

아귀는 또 다시 소문을 퍼뜨립니다. 이번엔 노란 물고기 차례였지요. 물고기들은 이제 조금의 의심도 없이 노란 물고기들을 몰아냅니다. 아귀는 차례차례 물고기들을 먹어치웁니다. 그때 검은 물고기 한 마리가 문제를 제기합니다. 이 소문, 믿어도 되는 걸까? 남아 있던 물고기들은 소문의 진위 여부를 두고 다투기 시작합니다.

아귀의 작전은 성공적으로 끝날 수 있을까요? 소문에 무너진 물고기 떼의 운명은 과연 어떻게 될까요? 우리 사회의 단면을 엿볼 수 있는 의미심장한 그림책입니다.

함께 읽을 땐 ○

아이와 함께 책을 읽으며 소문에 흔들렸던 경험에 대해 이야기 나눠 보세요. 친한 친구의 말만 듣고 다른 친구를 미워했던 일, 누군가 흘린 거짓말을 진실처럼 믿었던 일……. 돌이켜보면 누구에게나 그런 경험이 있을 거랍니다. 진실과 거짓 사이에서 갈팡질팡하는 물고기들의 모습은 사실 우리 모습과 크게 다르지 않답니다.

이것만은 놓치지 마세요! ○

'소문은 나쁘기만 한 걸까? 일부러 거짓말을 한 사람과 아무 생각 없이 거짓말을 퍼트린 사람 중 누구의 잘못이 더 클까? 소문을 이용해 이득을 취한 사람이 있다면 어떤 벌을 받아야 할까?'

논쟁거리가 적지 않은 작품입니다. 생각해 볼 문제도 꼬리를 물고 이어지지요. 책을 읽고 아이와 함께 소문이란 과연 무엇인지 깊이 생각해 보세요. 소문의 순기능과 역기능을 나눠 생각해 보는 것도 좋은 훈련이 된답니다.

물고기들의 잘잘못도 따져 보세요. 악의적인 소문을 낸 아귀에게는 어떤 잘못이 있을까요? 무비판적으로 소문을 믿은 물고기와 이익에 따라 뭉쳤다 흩어지기를 반복한 물고기는 어떤 비판을 받을 수 있을까요? 서로 의견을 주고받아 보세요. 이런 대화는 아이의 비판적 사고를 키우는 데 훌륭한 밑거름이 된답니다.

책을 읽은 후에는 ○

물고기들이 대화를 나누는 장면을 펼치고 나라면 어떤 말을 했을지 포스트잇에 적어 보세요. 아귀에게 해주고 싶은 충고를 짧게 적어 봐도 좋습니다. 소문 때문에 서로 미워하고 따돌리는 물고기들('감기 걸린 물고기')과 나눔을 통해 우정의 가치를 깨닫는 물고기들('무지개 물고기')을 비교하며 읽는 것도 유익한 활동이 될 수 있습니다.

함께 읽으면 좋은 책 📑

소문을 소재로 한 다른 그림책들도 읽어보세요.《괴물이 나타났다!》(글·그림 신성희 / 북극곰)와《콩이네 옆집이 수상하다!》(글 천효정·그림 윤정주 / 문학동네)는 이야기가 와전되며 부풀려지는 과정을 위트 있게 풀어낸 이야기들입니다. 조심성 없이 전달된 작은 추측들이 터무니없는 소문의 시작이 될 수 있다는 걸 우리 아이들에게도 일깨워 주세요.

매우 짓궂은 장난이 포함된《똑똑해지는 약》(글 마크 서머셋·그림 로완 서머셋 / 북극곰)도 읽어보세요. 다른 사람의 말을 무비판적으로 수용하는 게 얼마나 위험한(또는 더러운) 결과를 초래하는지 적나라하게 보여주는 그림책이랍니다. 늘 주체적으로 생각하고 행동하는 습관, 우리 아이들에게 꼭 길러주세요.

초등생 이상 자녀와는《소문 바이러스》(글 최형미·그림 이갑규 / 킨더랜드)를 함께 읽어보세요. 신종 바이러스가 확산된 비상 상황에서 근거 없는 소문이 사회에 어떤 혼란을 불러일으키는지 사실적으로 그려낸 작품이랍니다.

② 소방관 아저씨의 편지

글	막스 한
그림	이름타라우트 텔타우
옮긴이	김라합
펴낸 곳	한우리북스

11월 9일은 소방의 날입니다. 화재 사고가 빈번한 겨울철, 소방서는 그 어느 때보다도 바쁘게 돌아가지요. 화재 진압 외에도 시민의 안전과 편의를 위해 다양한 임무를 수행하는 소방관들. 치열한 삶의 현장이 고스란히 담긴 책을 읽으며 오늘은 아이와 함께 일일 소방관이 되어 보세요.

책 엿보기 o

　햇살 유치원 친구들에게 반가운 소식이 찾아옵니다. 호프슈타트 소방서로 견학을 가게 됐다는 내용이었지요. 선생님과 아이들은 방문 일정과 직접 그린 그림을 담아 소방서장인 토비아스 아저씨께 편지를 보냅니다.

　오전 10시, 소방서의 상황실은 조용합니다. 편지를 받은 토비아스 아저씨는 빙그레 웃으며 아이들의 견학 일정을 다른 소방관들에게 알립니다. 바로 그때, 전화벨이 울리며 빨간 비상등이 깜빡입니다. 불이 났다는 신고가 접수되자마자 한 소방관이 비상벨을 누릅니다.

　경보가 울리면 소방대원들은 재빠르게 방화복으로 갈아입고 소방차로 달려갑니다. 불이 난 곳에 도착하면 가장 먼저 사람을 구합니다. 구급대원이 다친 사람을 보살피는 동안 다른 소방대원들은 공기호흡기를 착용하고 전력을 다해 불을 끕니다. 소방차에는 물이 가득 채워져 있습니다. 언제 불이 날지 모르니 항상 준비해 놓는 것이지요. 소방 호스를 이용해 불을 끈 다음엔 나중을 위해 언제나 깔끔하게 정리해 놓습니다.

소방대원들은 재난 현장에서도 빛을 발합니다. 강가에 모래주머니를 쌓아 집 안으로 물이 흘러드는 것을 막고, 도로 위에 쓰러진 굵은 나무도 크레인과 전기톱을 이용해 말끔히 정리합니다. 기다란 사다리차로 나무 꼭대기에 있는 고양이를 구하기도 하지요. 바다 위 선박에서 일어난 화재도 소방대원들이 진압합니다. 배에서 흘러나온 기름도 꼼꼼히 제거합니다.

소방대원들의 활약상을 따라가다 보면 소방관들의 임무를 구체적으로 배울 수 있습니다. 아이들의 대화를 통해선 화재 예방법, 화재 시 대처 요령 등을 익힐 수 있지요. 토비아스 아저씨와 아이들이 쓴 편지를 하나씩 꺼내 읽다 보면 진짜 편지를 주고받는 듯한 기분도 느낄 수 있답니다. 답장을 기다리는 마음으로 책을 읽는 경험, 이 책에서만 느낄 수 있는 특별한 묘미랍니다. 이제 시중에선 쉽게 구할 수 없는 책입니다. 아이와 함께 도서관에 간 날, 잊지 말고 찾아보세요.

함께 읽을 땐 ○

면지에 나와 있는 물건들의 이름과 용도를 맞춰 보세요. 그런 다음 이야기를 읽고 책 마지막 페이지에 나온 '정답'을 확인해 보세요. 이야기를 읽으며 화재가 났을 때 어떻게 대처해야 하는지 다시 한 번 아이에게 짚어 주세요.

이것만은 놓치지 마세요! ○

화재에 대한 경각심을 높이고 보다 철저한 안전교육을 받아보고 싶다면 각 지역에 위치한 소방안전체험관에 찾아가 보세요. 소화기 사용법부터 구체적인 화재 대피 요령까지 실제 체험을 통해 안전 지식을 쌓을 수 있답니다.

책을 읽은 후에는 ○

아이와 함께 화재 예방 및 대처방법에 대한 퀴즈를 내고 풀어 보세요. 새롭게 알게 된 내용을 번갈아 가며 묻고 답하다 보면 재미있게 배운 내용을 복습할 수 있답니다. 아이와 집 안을 돌며 가스 밸브 차단하는 법, 쓰지 않는 가전제품 플러그 빼는 법, 소화기 사용법 등을 가르쳐 주세요. 이야기 속 아이들처럼 가까운 소방관으로 편지를 보내 보는 것도 유의미한 활동이 되겠지요?

함께 읽으면 좋은 책

'일과 사람' 시리즈 중 하나인《출동 119! 우리가 간다》(글·그림 김종민 / 사계절)를 읽어보세요. 소방차와 응급차, 소방서 안 구석구석까지 직접 견학을 간 것처럼 면밀히 들여다볼 수 있답니다.

조선시대 소방관들의 삶을 엿볼 수 있는《천하무적 조선 소방관》(글 고승현·그림 윤정주 / 책읽는곰)도 읽어보세요. 끈기와 노력, 지혜와 슬기를 모아 불을 껐던 옛 조상들의 모습을 통해 교훈 이상의 감동을 느낄 수 있답니다. 우리나라 최초의 소방서, 조선시대 소방 장비 등 역사 지식은 덤이지요.

③ 김치 특공대

글　　최재숙
그림　　김이조
펴낸 곳　책읽는 곰

겨울나기의 신호탄, 김장철이 돌아왔습니다! 김장하는 날엔 우리 아이들도 직접 김치를 담글 수 있게 해주세요. 산처럼 쌓인 배추를 신나게 버무리다 보면 맵다고 멀리했던 김치를 맛있게 먹게 될 거랍니다.

책 엿보기 ○

김치 특공대 대원들이 영화 〈김치의 역사〉를 보고 있습니다. 겨울철에도 아삭한 채소를 먹기 위해 고안되었다는 김치. 채소를 소금에 절였던 게 김치의 시작이란 내용이 나오자 왕소금 대원이 거들먹거리며 나섭니다. 김치를 오래 두고 먹을 수 있게 된 건 다 자기 덕분이라고요.

그러자 특유의 향과 맛을 내는 마늘 대원이 발끈하며 끼어듭니다. 양념이 들어가기 시작하면서 비로소 맛 좋은 김치가 됐다고 말이지요. 양념 맛을 책임지는 파와 생강 대원도 마늘 대원을 거들고 나섭니다. 양념은 세균을 물리치고 감기는 물론 암까지 예방해 준다고요.

이에 질세라 고추 대원이 칼칼한 맛을 자랑합니다. 젓갈 대원은 김치의 풍부한 영양이 자기 덕이라며 생색을 냅니다. 소화를 돕고 변비를 예방해 주는 무 대원은 한술 더 떠 배추 대장의 자리까지 넘봅니다.

대원들이 무용담을 늘어놓는 사이, 구조 요청이 들어옵니다. 김치 특공대는 배탈이 난 아이에겐 젖산균 레이저로, 변비에 걸린 아이에겐 섬유소 청소로 각각 도움을 줍니다. 비만 때문에 고민인 아이에겐 지방 덩어리를 녹여 줄 캡사이신 빔을 쏘아 주지요. 전 세계인의 건강을 책임지는 슈퍼 김치를 목표로 김치 특공대는 오늘도 힘차게 전진 중이랍니다.

함께 읽을 땐   ○

대원들의 개성 있는 특징을 보며 각각의 재료들이 김치에서 어떤 역할을 하는지 유추해 보세요. 코믹한 이야기 속에 녹아 있는 김치의 유래와 효능을 아이에게 한 번 더 짚어 주세요.

이것만은 놓치지 마세요!   ○

이야기 끝엔 우리 겨레와 역사를 함께해 온 김치의 모든 것이 소개돼 있습니다. 200가지가 넘는 김치의 종류와 발효 과정, 김치에 포함된 몸에 좋은 성분 등 알아두면 유용한 정보가 알차게 담겨 있습니다. 부모님께서 먼저 읽고 아이들이 이해하기 쉬운 말로 풀어 설명해 주세요.

책을 읽은 후에는   ○

백김치, 오이김치 등 아이가 좋아하는 김치를 함께 담가 보세요. 배추, 무, 고추, 젓갈 등 김치 재료들의 고유의 맛도 느껴 보게 해주시고요. '뮤지엄 김치간'처럼 김치 만들기 체험을 할 수 있는 곳에 방문하면 특별한 추억이 되겠지요? 혹, 아이가 김치 먹기를 힘들어 한다면 참치김치전이나 김치피자 같은 퓨전 요리를 만들어 주세요.

함께 읽으면 좋은 책

각종 비타민과 무기질, 섬유소가 풍부한 김치는 세계적인 건강 음식으로 자리매김했습니다. 김치를 담그고 주변 사람들과 나누는 김장 문화는 유네스코 세계 문화유산으로 등재되기도 했지요.

《김장하는 날은 우리 동네 잔칫날!》(글 이규희·그림 최정인 / 그린북)을 읽으며 한국인의 정체성을 담고 있는 김장 문화에 대해 더 자세히 알아보세요. 서로 일손을 나누는 김치 품앗이, 전통적 방식의 김칫독 저장법 등 조상들의 지혜가 엿보이는 김치 문화가 소개된답니다. 지역별 특징이 돋보이는 이색 김치들과 팔도 김치 맛을 비교한 전국 김치 지도는 보는 것만으로도 입에 침이 고인답니다.

우리 김치에 대한 자부심을 느끼게 하는 《달려라! 김치 버스》(글 김진·그림 이미정 / 키즈엠)도 추천합니다. 김치의 맛과 우수성을 알리기 위해 세계일주를 떠난 요리사들의 이야기는 우리 음식과 문화에 대한 자긍심을 높여 준답니다.

❹ SNOW: 눈 오는 날의 기적

글·그림 샘 어셔(Sam Usher)
옮긴이 이상희
펴낸 곳 주니어RHK

올해 첫눈은 언제 내릴까요? 소설小雪엔 눈을 기다리는 마음으로 환상적이고 신비한 이야기들을 읽어보세요. 현실과 상상을 오가는 이야기 속에는 동심을 자극하는 마력이 숨겨져 있답니다.

책 엿보기 ○

아침에 눈을 떠 보니 세상이 온통 하얗게 변해 있습니다. 눈이 오고 있네요. 소년은 빨리 공원에 가고 싶어 서둘러 옷을 입습니다. 재빨리 세수를 하고 이도 닦지요. 운동화까지 신고 나갈 준비를 마친 소년. 하지만 할아버지는 아직 침대에 계시네요.

"우리 어서 눈 세상으로 나가요!"

소년이 할아버지를 재촉합니다. 누구의 발자국도 찍히지 않은 새하얀 거리를 바라보자 마음이 더 바빠집니다. 그런데 할아버지는 아직도 준비가 되지 않았네요. 할아버지가 욕실에 들어간 사이 결국 한 아이가 거리에 첫 도장을 찍으며 걸어갑니다.

"할아버지, 이러다 우리 꼴찌하겠어요."

소년이 외칩니다. 그래도 할아버지는 서두르지 않습니다. 동네 개와 고양이가 다 나오도록 할아버지는 여전히 준비 중입니다. 소년은 현관 앞에 주저앉습니다. 할아버지는 웃음을 터뜨립니다.

드디어 준비를 마친 할아버지와 소년은 신나게 공원으로 향합니다. 그리고 그곳에서 기적 같은 일을 경험합니다. 할아버지와 함께 온갖 눈놀이를 하며 즐거운 한때를 보낸 소년. 집으로 돌아온 소년은 그제야 할아버지 말씀에 맞장구를 칩니다. 꾹 참고 기다렸을 때 기쁨은 배가된다고 말이지요.

함께 읽을 땐 ○

눈이 오면 어떤 놀이를 하고 싶은지 아이들에게 물어보세요. 썰매 타기, 눈사람 만들기, 눈싸움하기 등 하고 싶은 놀이가 끊임없이 생각날 것입니다. 책 속의 이야기처럼 눈 오는 날 기적 같은 일이 일어난다면 어떨지 아이와 함께 상상해 보세요. 아이에게 어떤 기적 같은 일을 바라는지도 물어봐 주시면 좋겠지요?

이것만은 놓치지 마세요! ○

즐거운 상상으로 인내의 가치를 가르쳐주는 책입니다. 참고 기다리는 건 어려운 일이지만 살아가며 반드시 익혀야 할 덕목이기도 합니다. 원하는 걸 다 가질 수도, 하고 싶은 일을 다 할 수도 없는 게 세상의 이치니까요.

우리 아이들도 크고 작은 경험을 통해 생활 속에서 참고 인내하는 법을 배워야 합니다. 쉽지 않은 일이지만 소년의 할아버지처럼 주위를 분산시키는 방법으로 또는 따뜻한 음성으로 천천히 기다리는 법을 가르쳐주세요. 참고 기다린 뒤 얻는 기쁨이 노력 없이 얻었을 때보다 훨씬 더 크다는 걸 우리 아이들이 체감할 수 있도록 이끌어 주세요.

책을 읽은 후에는 ○

크레파스나 물감을 이용해 '눈 오는 날'을 주제로 그림을 그려 보세요. 그런 다음 하얀 솜이나 클레이를 그림 위에 덧붙여 눈 쌓인 모습을 표현해 보세요. 다양한 재료를 활용해 작품을 완성하면 아이의 창의력을 키우는 데 도움이 된답니다.

함께 읽으면 좋은 책 🔖

눈을 소재로 한 환상적인 그림책《SNOW》(글·그림 유리 슐레비츠 / Farrar Straus Giroux)를 읽어보세요. 행복의 가치를 아는 사람만이 진정한 행복을 누릴 수 있듯, 눈의 소중함을 아는 사람만이 눈 오는 날의 기쁨을 만끽할 수 있답니다. 눈사람과 떠나는 환상적인 마법 여행《눈사람 아저씨》(글·그림 레이먼드 브리그스 / 마루벌)도 읽어보세요. 이 책을 읽고 나면 우리 아이들도 이야기처럼 행복한 꿈을 꿀 거랍니다.

⑤ 나는 기다립니다

글	다비드 칼리
그림	세르주 블로크
옮긴이	안수연
펴낸 곳	문학동네

11월의 마지막 날입니다. 한 해가 저물어 가는 걸 바라볼 때면 말로 형용하기 힘든 복잡한 감정이 밀려오지요. 이런 때일수록 행복한 추억을 떠올리며 새로운 희망을 품어 보세요. 마지막은 '끝'이 아니라 새로운 시작으로 이어지는 '끈'이니까요.

책 엿보기 ○

키가 크기를 기다리는 소년이 있습니다. 빨리 케이크가 구워지길, 어서 크리스마스 날이 오길 소년은 기다리고 또 기다립니다. 소년은 자라 청년이 되었습니다. 청년은 영화가 시작되길, 그 사람과 다시 만나길 떨리는 마음으로 기다립니다.

군대에 간 청년은 또 다시 기다립니다. 전쟁이 끝나길, 편지가 오길 아픈 몸으로 기다립니다. 돌아온 청년은 이제 행복한 마음으로 기다립니다. 그 사람이 "좋아요"라고 대답하길, 새 생명이 태어나길 설레는 마음으로 기다립니다.

중년이 된 청년은 간절한 마음으로 기다립니다. "괜찮습니다"란 의사의 말을, 사랑하는 사람이 더는 아프지 않길 기도하는 마음으로 기다립니다. 다시 혼자가 된 그는 쓸쓸한 모습으로 기다립니다. 초인종 소리를, 아이들의 소식을 외로이 앉아 기다립니다. 노인이 된 그의 얼굴에 다시금 미소가 번집니다. 새 식구가 될 아기를 기다리며 그는 기다림이 축복임을 깨닫습니다.

우리가 살아가며 느끼는 수많은 감정들이 간결한 그림, 단순한 이야기 속에 응축돼 있습니다. 즐겁고 기쁜 마음, 설레고 행복한 마음, 아프고 헛헛한 마음……. 어쩌면 아이와 함께 책을 읽다 눈시울이 붉어질지도 모릅니다.

한 해의 끝을 바라보며, 여러분은 무엇을 기다리시나요? 인생에 대한 깊은 성찰을 담고 있는 책. 모쪼록 이 책이 전하는 뜨거운 감동과 아름다움을 오래도록 간직하시길 바랍니다.

함께 읽을 땐 ○

표지 속 붉은 털실이 복잡하게 얽혀 있습니다. 표지부터 시작된 털실은 마지막 장까지 다채롭게 모양을 바꾸며 이어집니다. 이야기를 읽으며 붉은 털실을 눈으로 잘 따라가 보세요. 페이지마다 등장하는 털실이 각각 무엇을 뜻하는지 아이와 함께 이야기 나눠 보세요.

이것만은 놓치지 마세요! ○

만약 아이가 시시하다는 반응을 보인다면 앞장을 다시 펼쳐 우리 이야기로 바꿔 읽어 보세요. 아빠가 엄마한테 첫눈에 반했던 순간, 엄마와 아빠가 결혼한 날, 네가 태어났던 날……. 부모님이 어떤 마음으로 그 순간들을 기다렸는지 책장을 한 장 한 장 넘기며 추억을 이야기해 주세요. 당시 느꼈던 감정들도 섬세하게 표현해 주세요. 함께 이런 이야기를 나누다 보면 우리 아이들도 자연스럽게 깨닫게 될 거랍니다. 인생의 모든 순간엔 기다림이 있다는 걸요.

책을 읽은 후에는 ○

　부모님의 어린 시절, 아이와 함께 찍은 첫 가족사진 등 소중한 순간이 담긴 사진들을 모아 사진첩을 만들어 보세요. 사진들을 차곡차곡 모으며 부모님의 시간이 아이들의 삶으로 이어지는 과정을 지켜보세요. 우리 아이의 인생이 다음 세대로 이어지는 그날까지 사진을 계속해서 모아 보세요. 하나씩 늘어난 사진첩은 서로를 이어주는 소중한 '끈'이 되어 줄 거랍니다.

함께 읽으면 좋은 책

　가족은 오랜 시간을 함께하며 같은 추억을 공유하는 사람들입니다. 좋은 기억이 많을수록 서로의 관계는 더욱 끈끈해지지요. 가족의 유대관계를 돈독히 하고 싶다면 함께 좋은 책을 읽고 서로의 이야기에 귀를 기울여 보세요. 책 속에 쌓은 추억은 언제든 펼쳐볼 수 있는 소중한 기억이 된답니다.

　등대지기의 삶을 통해 가족과 인생의 의미를 되짚어보는《안녕, 나의 등대》(글·그림 소피 블랙올 / 비룡소)를 베드타임 스토리로 읽어보세요. 부모는 자녀에게, 자녀는 부모에게 믿고 의지할 수 있는 세상 유일한 등대라는 걸 깨닫게 될 거랍니다.

　추억의 의미를 떠올리게 하는《기억의 풍선》(글 제시 올리베로스 · 그림 다나 울프카테 / 나린글)도 뭉클한 감동을 안겨줍니다. 고운 빛깔로 남아 있는 추억들과 하나둘 사라져 버리는 옛 기억들 사이에서 우리는 어쩔 수 없는 아픔을 겪어야 할지도 모릅니다. 그러나 기다림에도, 상실에도 오직 고통만 있는 것은 아니지요. 이달에 마지막 책을 읽으며 우리 아이들에게 넌지시 알려주세요. 세상 모든 일엔 알록달록한 풍선처럼 다양한 의미와 뜻이 섞여 있다고요. 어떤 순간이 와도 우리는 함께하며 사랑할 거라고요.

달콤하고 환상적인
독후 활동

맛있게 먹고 신나게 즐기는
기적의 눈 놀이

"엄마, 눈은 언제 올까요?" 날씨가 추워지면 아이들의 '눈타령'이 시작됩니다. 매일같이 눈이 내리길 기도
하는 아이들을 위해 진짜 눈 놀이만큼 신나는 독후 활동을 해 보세요.

맛있는 눈사람 아저씨

그림책 《눈사람 아저씨》를 읽고 오늘의 간식으로 '눈사람 빵'을 만들어 보세요. 초간단 독후 활동이자
재미있는 요리 놀이랍니다.

 준비물   모닝빵, 생크림, 막대 초코과자, 과일 또는 젤리

 만드는
과정

1   넓은 접시에 모닝 빵 두 개를 눈사람 모양으로 올려 주세요.

2   빵이 보이지 않도록 생크림을 표면에 잘 바릅니다.

3   막대 초코과자를 적당한 길이로 잘라 팔을 만들어 주세요.

4   집에 있는 과일이나 채소, 젤리 등을 이용해 눈사람 얼굴을 예쁘게 꾸밉니다.

5   완성된 눈사람을 맛있게 먹으며 책 이야기를 나눠 보세요.

SNOW COOKIES

그림책 《SNOW》를 읽고 눈이 내리는 모습을 아이들에게 직접 보여주세요. 이 '마법의 가루'만 있으면 누구나 마술사가 될 수 있답니다.

 준비물 슈가파우더, 아이가 좋아하는 빵 또는 과자

 만드는 과정

1 슈가파우더와 구멍이 작은 체를 준비해 주세요.

2 간식용으로 준비한 빵이나 과자를 접시 위에 올립니다.

3 체 위에 슈가파우더를 적당량 덜어 주세요.

4 마법의 주문을 걸고 체를 살살 흔들어 주세요.

5 눈가루가 떨어지는 듯한 환상적인 장면을 아이들과 함께 만끽하세요.

> ※ 시판 도우나 쿠키믹스를 구입해 여러 가지 모양의 쿠키를 만들어 보는 것도 재미있습니다.
> ※ 쿠키 반죽으로 책 속에 나오는 주인공과 강아지, 다양한 모양의 집을 만들어 보세요.
> ※ 한 김 식힌 쿠키 위에 슈가파우더를 뿌리면 책 속의 한 장면 같은 눈 쌓인 마을이 완성된답니다.

집에서 하는 기적의 눈 놀이

《눈 오는 날의 기적》을 읽고 집에서 온 가족이 함께 눈싸움을 해보세요. 하얗고 폭신폭신한 솜을 동그랗게 뭉쳐 놓기만 하면 준비 완료! 아이들이 겨울 내내 신나게 가지고 놀 수 있도록 놀이가 끝난 뒤엔 상자에 담아 보관하세요.

이불 썰매도 집에서 할 수 있는 재미있는 놀이 중 하나입니다. 아이를 작은 담요에 태운 뒤 신나게 끌어 주시기만 하면 됩니다. 아이가 떨어지지 않도록 담요에 끈을 묶어 손잡이를 만들어 주세요.

12월

꿈틀꿈틀 애벌레, 책벌레 되다!

책을 사랑하는 아이들을 위한 '선물' 같은 책 모음

드디어 올해의 마지막 달, 12월입니다. 그동안 우리가 얼마나 많은 것들을 보고 배웠는지, 얼마나 많은 내적 성장을 이뤘는지 헤아려 보세요. 달력을 가득 채운 책 제목과 여기저기 적혀 있는 감상들을 훑어보면 마음 깊은 곳에서 뜨거운 희열과 성취감이 솟구쳐 오를 겁니다.

이번 달엔 아이와 함께 행복한 기분을 느낄 수 있는 선물 같은 책들을 읽어보세요. 크리스마스를 기다리며 산타 할아버지께 편지도 써 보고요. 소중한 가족과 친구들을 위해 직접 산타가 돼 보는 멋진 경험도 해보세요.

매일이 축제인 것처럼 들뜨고 설레지만 그 어느 때보다 나눔과 배려의 마음이 필요한 시기이기도 합니다. 아이들과 함께 더불어 사는 삶에 대한 책을 읽으며 세상에 온기를 더할 방법을 찾아보세요. 조금만 관심을 기울이면 우리가 할 수 있는 일이 제법 많답니다.

일 년 중 낮 길이가 가장 짧다는 동짓날엔《팥죽 할머니와 호랑이》를 읽으며 전래동화의 재미에 푹 빠져 보세요. 크리스마스 날엔 세기의 명작《크리스마스 캐럴》을 읽어보세요. 오랜 시간 사랑 받아온 작품들엔 어떤 공통점이 있는지 아이와 함께 비교해 보는 것도 재미있을 겁니다.

우리 아이들 모두가 아이다움을 간직한 어른으로 성장하길 바라며 한 해의 마지막을 장식할 책들을 정성껏 골랐습니다. 남은 한 달, 아름다운 책과 함께 축복 가득한 시간 보내시기 바랍니다.

12월

일요일	월요일	화요일	수요일	목요일	금요일	토요일
			1	2	3	4
5	6	7 대설	8	9	10	11
12	13	14	15	16	17	18
19	20	21	22 동지	23	24	25 크리스마스
26	27	28	29	30	31	

꿈틀꿈틀 애벌레, 책벌레 되다! 책을 사랑하는 아이들을 위한 '선물' 같은 책 모음

12월 1일 + 앵그리 병두의 기똥찬 크리스마스 / 리틀 산타

12월 7일 + 장갑이 너무 많아! / 쓰레기통 요정

12월 22일 + 오누이 이야기 / 까만 밤에 무슨 일이 일어났을까?

12월 25일 + 크리스마스 캐럴 / 커다란 크리스마스트리가 있었는데

12월 31일 + 이 작은 책을 펼쳐 봐 / 허튼 생각: 살아간다는 건 뭘까 / 100 인생 그림책

① 산타 할아버지만 보세요!

글 레이첼 엘리엇
그림 에이미 허즈번드
옮긴이 강민경
펴낸 곳 삼성당

12월이 되면 아이들은 들뜨기 시작합니다. 크리스마스 전날 밤, 루돌프가 끄는 썰매를 타고 산타 할아버지가 선물을 가져다 주시니까요. 올해는 특별히 산타 할아버지께 편지를 써 보는 건 어떨까요? 정성 가득한 편지를 보면 우리 집에 제일 먼저 오실 테니까요.

책 엿보기 ○

마이클에게 한 통의 편지가 도착합니다. 산타 할아버지는 착한 행동을 한 친구만 선물을 받을 수 있다며 올 한 해 했던 착한 일과 나쁜 일, 크리스마스에 꼭 하고 싶은 일들을 적어달라고 요청합니다. 물론 솔직하게 써달라는 당부도 잊지 않으셨지요.

마이클은 산타 할아버지께 바로 답장을 씁니다. 착한 일을 많이 했으니 벨 소리가 크게 나는 빨간 자전거를 선물로 보내달라고요. 그런데 며칠 후 생각지도 못했던 일이 벌어집니다. 강아지랑 장난을 치다 엄청난 소동을 일으키고 만 것이지요. 마이클은 아쉽지만 자전거를 포기합니다. 그리고 새 옷을 선물로 보내달라고 산타 할아버지께 다시 편지를 씁니다.

며칠 뒤 마이클은 산타 할아버지께 또 편지를 보냅니다. 이번엔 꼭 설명해야 할 일이 생겼기 때문이지요. 낮잠 자는 엄마를 깨우지 않으려 무척 조심했는데, 그만 깜빡하고 말았습니다. 마이클은 이제 새 옷도 포기합니다. 대신 아주 작아도 좋으니 드럼을 받고 싶다고 적습니다.

마이클은 선물을 받기 위해 이런저런 노력을 기울입니다. 하지만 번번이 실패하고 말지요. 그러는 사이 선물은 기차놀이 세트에서 책으로, 책에서 다시 초콜릿으로 점점 더 작아집니다. 드디어 12월 24일, 마이클은 착한 아이가 되길 포기합니다. 그리고 편지에 이렇게 씁니다. 내년에 자전거를 받을 수 있도록 노력할 테니 올해는 '자전거 벨'을 선물로 달라고요.

드디어 크리스마스 날, 산타 할아버지가 보낸 편지가 도착합니다. 그간 받은 편지를 보며 선물을 주지 말아야겠다고 생각했다는 내용이었지요. 하지만 마이클에게 기적 같은 반전이 일어납니다. 세상에서 가장 진귀한 '벨'을 선물로 받은 것이지요. 마이클은 과연 산타 할아버지께 어떤 선물을 받았을까요? 아이와 함께 책에서 확인해 보세요.

함께 읽을 땐 ○

착한 일 체크리스트, 추신, 크리스마스 달력 등 페이지마다 읽는 재미가 가득한 그림책입니다. 내용과 그림을 천천히 살피며 읽는 재미를 만끽해 보세요. 보내는 사람과 받는 사람, 안부 인사, 날짜 등 편지글 형식도 아이에게 한 번 짚어 주세요.

이것만은 놓치지 마세요! ○

장난꾸러기 마이클은 착한 행동을 하기 위해 엄청난 노력을 합니다. 하지만 마음과는 달리 자꾸 엉뚱한 사고를 치게 되지요. 그럴 때마다 마이클은 스스로 선물의 크기를 줄입니다. 귀엽기도 하고 안쓰럽기도 한 대목이지요.

사실 마이클이 벌인 말썽은 아직 서툴러서 벌어진 실수들일뿐 심각한 문제들은 아닙니다. 산타 할아버지도, 마이클의 부모님도 그 사실을 잘 알고 있지요. 그래서 무조건 야단치기보다 마이클에게 더 많은 기회를 허락해 줍니다. 부모님들이 산타 할아버지처럼, 마이클의 엄마 아빠처럼 실수에 관대해진다면 우리 아이들은 매일이 크리스마스인 것처럼 행복할 거랍니다.

책을 읽은 후에는 ○

아이와 함께 크리스마스카드를 예쁘게 만들어 보세요. 그리고 산타 할아버지께, 사랑하는 가족과 친구들에게 편지를 써 보세요. 마이클처럼 1일부터 크리스마스이브까지 자기가 한 착한 일과 나쁜 일을 기록해봐도 좋겠지요? 글로 써 보면 목표 의식이 생겨 착한 일을 더 많이 실천하게 될 거랍니다.

함께 읽으면 좋은 책

크리스마스 날이 누구에게나 기쁘고 행복한 날은 아닐 겁니다. 소외된 우리 이웃들에겐 더 춥고 쓸쓸한 날로 기억될 테니까요. 아이와 함께 《앵그리 병두의 기똥찬 크리스마스》(글 성완·그림 김효은 / 사계절)를 읽고 주변을 둘러 보세요. 작은 나눔이라도 실천할 수 있도록 아이와 미리 의논하고 계획을 세워 보세요.

그동안 선물을 받기만 했던 아이들에게 올해는 직접 산타가 될 수 있는 기회를 주는 건 어떨까요? 그림책 《리틀 산타》(글·그림 마루야마 요코 / 미디어창비)의 주인공처럼요. 그저 바라보기만 했던 일을 직접 해보고 나면 타인을 이해하고 공감하는 능력이 훨씬 더 깊어진답니다.

② 애너벨과 신기한 털실

글	맥 바넷
그림	존 클라센
옮긴이	홍연미
펴낸곳	길벗어린이

꽁꽁 얼어붙을 것 같은 날씨엔 몸도 마음도 움츠러들기 쉽습니다. 이럴 땐 따뜻한 난로처럼 마음에 온기를 더할 이야기를 읽어보세요. 그리고 이야기의 감동을 다른 사람들에게도 전달해 보세요. 뜨고 또 떠도 떨어지지 않는 '신기한 털실'처럼 책의 감동도 절대 줄어들지 않는답니다.

책 엿보기 ○

색이라곤 찾아보기 힘든 마을이 있습니다. 이 작고 추운 마을엔 굴뚝에서 나온 까만 검댕과 흰 눈뿐이지요. 어느 날 오후 애너벨은 갖가지 색깔의 털실이 들어 있는 작은 상자를 발견합니다. 애너벨은 털실로 자기 스웨터를 뜨고 남은 털실로 강아지에게도 스웨터를 떠 줍니다. 그런데도 털실은 여전히 남아 있습니다.

똑같은 스웨터를 입고 걸어가는 애너벨과 강아지를 보고 친구 네이트가 손가락질을 합니다. 애너벨은 네이트와 네이트의 강아지에게도 스웨터를 한 벌씩 떠 줍니다. 실은 부러워서 그런 거란 걸 잘 알고 있으니까요. 그런데도 털실은 여전히 남아 있습니다.

애너벨의 스웨터를 보고 반 친구들이 수군거립니다. 수업 분위기가 엉망이 되자 선생님은 애너벨에게 화를 냅니다. 애너벨은 동요하지 않고 선생님께 말합니다. 자기가 모두에게 스웨터를 한 벌씩 떠 주겠다고요. 선생님은 말도 안 된다며 인상을 썼지만 애너벨은 반 친구들을 비롯해 선생님의 것까지 스웨터를 뜹니다. 그렇게 여러 벌을 떴는데도 털실은 아직 남아 있습니다.

애너벨은 줄어들지 않는 털실로 마을 사람들과 동물들, 심지어 옷을 입지 않는 물건들에게도 스웨터를 떠 줍니다. 애너벨과 놀라운 털실 이야기는 전 세계로 퍼져 나가지요. 많은 사람들이 몰려와 애너벨의 스웨터를 구경합니다.

그러던 어느 날, 먼 나라에서 욕심 많은 귀족이 배를 타고 애너벨을 찾아옵니다. 귀족은 비싼 값을 부르며 애너벨에게 털실을 팔라고 말하지요. 하지만 애너벨은 귀족의 제안을 거절합니다. 화가 난 귀족은 비겁한 수단을 써서 털실이 담긴 상자를 빼앗습니다. 하지만 끝내 원하는 것을 손에 넣지는 못하지요.

상자를 잃어버린 애너벨은 어떻게 됐을까요? 신기한 털실은 과연 어디에 있을까요? 이야기를 읽으며 아이와 유쾌한 상상을 이어나가 보세요.

함께 읽을 땐 ○

애너벨처럼 아무리 써도 줄어들지 않는 털실을 갖게 된다면 무엇을 만들고 싶나요? 아이와 함께 책을 읽으며 즐겁게 이야기 나눠 보세요. 욕심 많은 귀족은 왜 털실을 갖지 못했을까요? 그 이유도 함께 생각해 보세요.

이것만은 놓치지 마세요! ○

사람들은 털실이 곧 떨어질 거라 생각했습니다. 털실이 작은 상자에 담겨 있었기 때문이지요. 하지만 애너벨은 상자의 크기보다 줄어들지 않는 털실과 나눔에 집중했습니다. 모두에게 스웨터를 떠 줄 수 있다는 스스로에 대한 믿음도 컸지요.

애너벨은 털실을 그냥 가지고 있을 때보다 함께 나누고 공유했을 때 그 가치가 더 커진다는 걸 잘 알고 있었습니다. 그래서 누구보다 행복했지요. 우리가 가진 물질과 재능도 어떻게 쓰느냐에 따라 달라지는 털실과 같습니다. 아이들에게도 이 책이 전하는 메시지를 꼭 알려주세요. 선한 마음으로 나누고 베풀 때, 우리도 애너벨처럼 가치 있는 사람이 될 수 있다고요.

책을 읽은 후에는 ○

아이와 함께 각자의 재능을 떠올려 보세요. 나의 재능을 주변 사람들과 어떻게 나눌 수 있을지 구체적인 방법을 고민해 보세요. 한글을 읽을 수 있는 아이라면 동생에게 책을 읽어주며, 정리를 잘하는 아이라면 가사 일에 함께 참여하며 나눔을 실천할 수 있을 겁니다.

물건도 마찬가집니다. 친구 동생들에게 작아진 옷이나 신발을 직접 나눠준다면 아이에게도 좋은 경험이 되겠지요. 나눔을 꾸준히 실천하고 노력하면 우리 아이들은 자연스레 사려 깊고 배려심 많은 아이로 자라날 겁니다.

함께 읽으면 좋은 책 🔖

이웃 간의 따뜻한 정을 느낄 수 있는 책《장갑이 너무 많아!》(글·그림 루이스 슬로보드킨, 플로렌스 슬로보드킨 / 비룡소)를 읽어보세요. 먼저 다른 사람을 배려하면 그 친절과 정성이 돌고 돌아 나에게 되돌아온다는 걸 아이들도 이 책을 통해 배우게 될 거랍니다. 나눔의 진정한 의미에 대해 깨닫게 하는 책《쓰레기통 요정》(글·그림 안녕달 / 책읽는곰)도 잊지 말고 꼭 읽어보세요.

③ 팥죽 할멈과 호랑이

글	소중애
그림	김정한
펴낸곳	비룡소

일 년 중 밤이 가장 긴 동짓날엔 전래동화 《팥죽 할멈과 호랑이》를 읽어보세요. 악귀를 쫓기 위해 붉은 팥으로 죽을 쑤어 먹었던 조상들을 떠올리면서요. 깜깜하고 긴 겨울밤, 우리의 눈과 마음을 사로잡을 멋진 이야기들을 아이와 함께 알콩달콩 읽어보세요.

책 엿보기 ○

할머니가 탱글탱글 영근 팥을 보며 흐뭇하게 웃습니다. 팥죽을 쑤어 동네 사람들과 나눠먹을 생각을 하니 절로 기분이 좋아진 것이지요. 그런데 어느 날, 집채만큼 커다란 호랑이가 할머니를 찾아옵니다. 호랑이는 팥죽을 쑤어 자기에게 몽땅 주지 않으면 할머니를 잡아먹겠다고 으름장을 놓지요. 무시무시한 호랑이의 말에 할머니는 고개를 끄덕입니다.

분하고 억울한 마음에 할머니는 팥죽을 쑤며 눈물을 펑펑 흘립니다. 할머니의 마음도 모른 채 가마솥의 팥죽은 맛있게 끓고 있었지요. 그때 작은 밤톨 하나가 할머니의 부엌으로 굴러 들어옵니다. 왜 우냐고 묻는 밤톨에게 할머니는 호랑이 이야기를 들려줍니다. 밤톨은 할머니에게 팥죽 한 그릇을 주면 호랑이를 쫓아주겠다고 자신 있게 말하지요. 할머니는 그런 밤톨에게 팥죽을 퍼줍니다.

밤톨이 사라지자 그 다음엔 맷돌이, 그 뒤로는 동아줄이 각각 할머니를 찾아옵니다. 할머니의 사정을 들은 맷돌과 동아줄도 팥죽 한 그릇을 주면 호랑이를 물리쳐 주겠다고 이야기합니다. 멍석과 지게도 그 뒤를 이어 할머니를 찾아옵니다. 할머니는 이들 모두에게 똑같이 팥죽 한 그릇씩을 대접합니다.

밤톨과 맷돌, 동아줄은 부엌에서 멍석과 지게는 마당에서 호랑이를 기다립니다. 할머니는 방 안에 조용히 몸을 숨겼지요. 이윽고 밤이 되자 호랑이가 할머니를 찾아옵니다. 알아서 팥죽을 찾아 먹으라는 할머니의 말에 호랑이는 아무 의심 없이 부엌으로 들어섭니다.

과연 호랑이는 팥죽을 맛있게 먹을 수 있을까요? 페이지를 넘길 때마다 아이의 호기심과 상상력이 부풀어 오르는 흥미진진한 전래동화입니다. 아이와 함께 결말을 예측하며 낭랑한 목소리로 읽어보세요.

함께 읽을 땐 ○

구수한 입말체와 리듬감 있는 문장이 읽는 재미를 더해 줍니다. 부모님께서 구연동화하듯 실감나게 읽어 주시면 아이가 무척 즐거워할 거랍니다. 할머니를 돕기 위해 나선 밤톨과 친구들이 각각 어떤 공격으로 호랑이를 물리칠지 먼저 상상해본 뒤 결말을 확인하세요.

이것만은 놓치지 마세요! ○

옛날 우리 조상들에게 호랑이는 사람을 해치는 무서운 짐승이자 힘 센 권력자의 상징이었습니다. 할머니의 팥을 욕심내는 호랑이는 악덕한 탐관오리를 상징적으로 표현한 것이지요. 반면 밤톨과 친구들은 나쁜 권력자를 응징하고픈 백성들의 마음을 대변한 것입니다. 허구 속에 숨어 있는 진짜 이야기, 우리 아이들에게도 잊지 말고 들려주세요.

책을 읽은 후에는 ○

《팥죽 할멈과 호랑이》를 읽고 아이들과 함께 동극을 해보세요. 등장인물들의 대화를 중심으로 이야기를 요약하면 손쉽게 연극 대본을 완성할 수 있답니다. 내가 만약 할머니를 도울 수 있다면 무엇으로 변하고 싶은지 아이와 함께 신나게 상상해 보세요.

함께 읽으면 좋은 책

깊은 밤 호랑이가 등장하는 또 다른 전래동화《오누이 이야기》(글·그림 이억배 / 사계절)도 읽어보세요. 긴장감 넘치는 이야기 구조, 권선징악의 결말 등 공통점이 많은 작품이랍니다. 보는 재미가 살아 있는《까만 밤에 무슨 일이 일어났을까?》(글·그림 브루노 무나리 / 비룡소)도 추천합니다. 한 장씩 넘기다 보면 시간 가는 줄 모를, 자꾸만 보고 싶은 멋진 그림책이랍니다.

④ 별이 빛나는 크리스마스

글	소피 드 뮐렌하임
그림	에릭 퓌바레
옮긴이	권지현
펴낸곳	씨드북

온 세상에 축복이 가득한 크리스마스 날입니다. 꿈처럼 달콤한 하루, 가족을 위해 특별한 이벤트를 준비하고 싶다면 추천 도서들을 크리스마스트리 밑에 펼쳐놔 보세요. 눈처럼 하얗게 우리 마음을 정화해 줄 맑고 순수한 이야기들로 말이지요.

책 엿보기 ○

작은 집들 사이로 키가 큰 두 집이 마주보고 있었습니다. 하나는 투덜이 아르망 씨의 집이었고, 다른 하나는 불평 많은 레오폴드 씨의 집이었지요. 두 사람은 부자였지만 친구는 단 한 명도 없었습니다.

아르망 씨와 레오폴드 씨는 서로를 미워했습니다. 두 사람이 하는 일이라곤 망원경으로 서로를 훔쳐보며 상대보다 더 잘하려고 애쓰는 것뿐이었습니다. 그러다 크리스마스가 다가오면 상대보다 더 예쁘게 집을 꾸미려고 경쟁하듯 집을 치장하곤 했지요. 한 사람이 크리스마스 장식을 걸면 다른 사람은 두 개를 걸었고, 한쪽이 크리스마스트리를 심으면 다른 한쪽은 그보다 더 큰 트리를 사 오는 식이었습니다.

어느 크리스마스 저녁, 아르망 씨의 집에 행색이 초라한 남자아이가 찾아옵니다. 춥고 배가 고팠던 소년은 집안으로 들어가게 해달라고 그에게 부탁하지요. 아르망 씨는 단칼에 소년의 청을 거절합니다. 소년은 맞은편 레오폴드 씨의 집으로 발걸음을 옮깁니다. 차갑게

문을 연 그에게 소년이 말합니다.

"옆집 아저씨는 제가 싫대요. 아저씨는 착한 아저씨 맞죠?"

레오폴드 씨는 아르망 씨보다 더 좋은 사람이 될 수 있는 기회라 생각해 아이에게 문을 열어줍니다. 그 모습을 지켜보던 아르망 씨는 화가 나 견딜 수가 없었지요. 사람들이 자기보다 레오폴드 씨를 더 칭찬할 테니까요. 거리를 살피던 아르망 씨는 길을 걸어가는 헐벗은 여자아이를 보고 한달음에 달려 나가 집으로 데려옵니다.

아르망 씨는 여자아이에게 양모 담요를 가져다 줍니다. 그 장면을 놓칠 리 없는 레오폴드 씨는 가장 멋진 외투를 꺼내 남자아이에게 걸쳐 주지요. 두 사람은 아이들에게 경쟁적으로 친절을 베풉니다.

그러던 와중 참 이상한 일이 벌어집니다. 상대보다 더 잘하고 싶어 애썼을 뿐인데 자꾸만 마음이 떨리고 입꼬리가 올라가는게 아니겠어요? 두 사람은 실로 오랜만에 편안한 행복감을 느낍니다.

아르망 씨와 레오폴드 씨는 아이들과 어떤 크리스마스 밤을 보낼까요? 선행을 베푼 그들에게 어떤 기적 같은 일이 일어날까요? 그림도 이야기도 환상적으로 아름다운 그림책입니다. 사랑스러운 카드를 열어보듯 아이와 함께 꼭 읽어보세요.

함께 읽을 땐 ○

두 사람은 왜 서로를 미워하게 됐을까요? 크리스마스 날 밤 두 사람에게 찾아온 소년과 소녀는 과연 누구였을까요? 아이와 함께 이야기를 읽으며 상상해 보세요. 아르망 씨와 레오폴드 씨처럼 홀로 크리스마스를 보내야 한다면 어떤 기분일지 서로의 생각도 나눠 보세요.

이것만은 놓치지 마세요! ○

두 사람은 큰 부자였지만 함께할 가족도, 친구도 없는 외톨이였습니다. 자기밖에 위할 줄 모르고 혼자 있는 게 편한 사람들이었지요. 두 사람은 크리스마스 날 찾아온 소년과 소녀 덕분에 지금껏 몰랐던 감정을 알게 됩니다. 움켜쥐기보다 나눌 때 더 기쁘다는 걸, 혼자 있을 때보다 함께하는 시간이 더 행복하다는 걸 뒤늦게 깨달은 것이지요.

이 이야기를 읽으며 더불어 사는 삶의 가치를 우리 아이들에게도 일깨워 주세요. 처음은 어색하고 불편할 수 있지만 그 감정들은 오래지 않아 충만한 기쁨과 행복으로 뒤바뀐다고요.

책을 읽은 후에는 ○

조촐하게 크리스마스 파티를 열어 보세요. 가족과 친구들을 초대해 직접 만든 카드를 전하고 맛있는 음식도 나눠 보시고요. 모두가 함께 둘러 앉아 크리스마스 이야기도 읽어 보세요. 이날만큼은 아이들에게 한 페이지씩 낭독을 부탁해 보세요. 이야기가 끝나면 열렬히 박수를 쳐 주세요. 여러 사람과 즐겁게 책을 읽는 경험은 아이들에게 잊지 못할 추억이 될 거랍니다.

함께 읽으면 좋은 책 🔖

크리스마스의 고전, 찰스 디킨스의 《크리스마스 캐럴》도 함께 읽어보세요. 구두쇠 스크루지 할아버지의 특별한 크리스마스 이야기는 《별이 빛나는 크리스마스》와 닮은 점이 참 많답니다. 《커다란 크리스마스트리가 있었는데》(글·그림 로버트 배리 / 길벗어린이)는 재미있고 깜찍한 그림책입니다. 세 권 모두 크리스마스 때마다 꺼내 보면 좋은 명작들이랍니다.

⑤ 배고픈 애벌레

글·그림	에릭 칼
옮긴이	이희재
펴낸곳	더큰

독서 달력이 추천하는 마지막 책은 《배고픈 애벌레》입니다. 조금씩 성장하는 애벌레의 모습은 우리 아이들과 참 많이 닮았습니다. 화려한 나비로 변신하는 애벌레처럼 언젠가 찬란하게 비상할 아이들의 모습을 꿈꿔 보세요.

책 엿보기 ○

작은 애벌레가 알을 깨고 나왔습니다. 애벌레는 몹시 배가 고팠지요. 먹이를 찾아 길을 떠난 애벌레는 월요일에 사과 한 개를 먹습니다. 화요일엔 배 두 개, 수요일엔 자두 세 개, 목요일엔 딸기 네 개를 먹지요. 금요일엔 오렌지 다섯 개를 먹습니다. 그리고 토요일엔 어마어마하게 많은 음식을 먹어 치우지요.

아주 작았던 애벌레는 크고 뚱뚱한 애벌레로 성장합니다. 그리고 곧 번데기가 되어 2주 넘게 잠을 자지요. 잠에서 깨어난 애벌레는 더 이상 볼품없는 벌레가 아닙니다. 아름다운 나비로 변했으니까요.

함께 읽을 땐 ○

나비의 한살이를 배울 수 있는 그림책입니다. 알에서 애벌레로, 번데기에서 나비로 변하는 과정을 하나씩 눈여겨보세요. 한글을 배우고 있는 아이라면 요일과 숫자, 색깔과 과일 이름을 스스로 읽어보도록 도와주세요. 쉽고 단순한 그림책은 읽기 연습에 재미를 더해 준답니다.

이것만은 놓치지 마세요! ○

이 책을 아이의 성장과 변화의 관점에서 다시 읽어보세요. 알에서 나온 애벌레가 본능적으로 먹이를 찾듯 우리 아이들도 생존과 성장을 위한 과정을 반드시 거쳐야 합니다. 애벌레가 매일 조금씩 다른 음식을 먹는 것처럼 우리 아이들에게도 늘 새로운 경험과 배움이 필요하지요. 지루하고 힘들지만 성숙의 시간도 참고 견뎌야 합니다.

우리 아이들의 일상이 알록달록한 무지갯빛으로 채워지도록 부모님은 이야기 속 해님과 달님처럼 묵묵히 아이들을 응원해 주세요. 발달 과정에 맞춰 적절한 책을 권해 주고 다양한 경험으로 사고의 폭과 시야를 넓혀 주세요. 그럼 우리 아이들도 작고 연약한 애벌레에서 건강하고 아름다운 나비로 변신할 수 있을 거랍니다.

책을 읽은 후에는 ○

색종이를 이용해 애벌레 머리를 만드세요. 가늘고 길게 자른 색종이로 동그란 고리를 만들고 애벌레 머리에 붙여 몸통을 만드세요. 책을 읽을 때마다 책 제목을 쓴 고리를 만들어 몸통에 하나씩 이어붙여 보세요. 30개의 고리가 모이면 아이에게 작은 선물을 해주세요. 애벌레가 어여쁜 나비로 변신하듯 말이지요.

함께 읽으면 좋은 책 📑

올해의 독서 달력은 여기서 끝나지만 아이들의 인생 독서는 계속 이어집니다. 우리 아이들이 책에 대한 애정과 흥미를 잃지 않도록 동기를 부여해 줄 책들을 소개해 주세요. 《이 작은 책을 펼쳐 봐》(글 제시 클라우스마이어·그림 이수지 / 비룡소)는 책 속에 책이 들어 있는 신기한 그림책입니다. 읽고 나면 다른 책도 보고 싶게 만드는 마법 같은 책이지요. 새해를 맞아 독서에 대한 동기를 부여해 주고 싶을 때 이 책을 선물하면 효과 만점일 거랍니다.

초등생 자녀와는 《허튼 생각: 살아간다는 건 뭘까》(글 브리타 테켄트럽 / 길벗어린이)를 함께 읽어보세요. 하루에 한 장씩 책을 읽으며 자기만의 답을 찾아가다 보면 어느새 아이의 생각주머니가 훌쩍 자라 있을 거랍니다.

가족 모두가 함께 읽는 책으로는 《100 인생 그림책》(글 하이케 팔러·그림 발레리오 비달리 / 사계절)을 추천합니다. 0세부터 100세까지 인생의 모든 순간들을 사진처럼 포착해 낸 감동적인 그림책이지요. 새해마다 자기 나이의 페이지를 펼쳐 보며 한 해를 계획하고 꿈꿔보는 시간 가져보시기 바랍니다.

우리 집 연말 책 시상식

① '우리 집 독서왕' 수여식

한 해 동안 꾸준히 독서를 실천한 우리 가족을 위해 자체 연말 시상식을 열어 보세요. 일 년 동안 가장 많은 책을 읽은 사람에게 '우리 집 독서왕' 트로피를, 독서 달력에 가장 열심히 책 제목을 기록한 사람에게는 '우리 집 쓰기왕' 상장을 수여해 보세요. 작지만 뜻 깊은 선물을 준비해 주시면 상이 더욱 각별하게 느껴지겠지요?

상을 받지 못해 서운한 가족이 생기지 않도록 재치 있는 상도 만들어 보세요. 도서관에 제일 많이 놀러갔던 가족에겐 '도서관 MVP' 상을, 책을 재미있게 잘 읽어준 가족에게는 '스토리텔러상'을 주는 것이지요. 영어책을 읽기 위해 노력한 아이에겐 '글로벌 인재상'을 선물처럼 안겨주세요.

② '명예의 책장' 만들기

집 안에서 가장 눈에 띄는 곳에 '명예의 책장'을 만들고 우리에게 소중한 추억을 선사해 준 책들로 책장을 채워 보세요. '마음을 뒤흔든 감동적인 책', '배꼽 잡고 웃게 만든 재미있는 책', '깨달음과 지식을 더해준 고마운 책' 등 선정된 책에 예쁜 라벨을 붙여 의미를 더해 보세요.

③ '올해의 인생 책'

가족이 함께 모여 올해 내 삶을 빛나게 해준 '인생 책'을 한 권씩 정해 보세요. 한 사람씩 돌아가며 왜 그 책을 골랐는지, 어떤 내용의 책인지 가족들에게 설명해 주세요. 이렇게 좋은 책을 공유하고 나누는 시간을 우리만의 특별한 문화로 만들어 보세요.

이 책을 만드는 데
도움을 주신 출판사와 책

국민서관 내가 책이라면

길벗어린이 애너벨과 신기한 털실

다림 백년아이

더큰 배고픈 애벌레 / 아빠, 달님을 따 주세요

모래알 늑대를 잡으러 간 빨간 모자

문학동네 점 / 적 / 나는 기다립니다

미디어창비 호랑이가 책을 읽어준다면 / 내 친구 지구

미세기 약속은 대단해

반달 고구마구마

발견 떡국의 마음

보리 아빠하고 나하고 봄나들이 가요

봄볕 나무 그늘을 산 총각

비룡소 누렁이의 정월 대보름 / 고함쟁이 엄마 / 청개구리 큰눈이의 단오 / 당나귀 실베스터와 요술 조약돌 / 만복이네 떡집 / 마녀 위니와 유령 소동 / 팥죽 할멈과 호랑이

사계절 커졌다! / 눈물바다 / 세계와 만나는 그림책 / 출동! 마을은 내가 지킨다 / 감기 걸린 물고기

삼성당 산타 할아버지만 보세요!

소동 기이한 DMZ 생태공원

시공주니어 아빠, 더 읽어 주세요 / 나무는 좋다 / 도서관

씨드북 별이 빛나는 크리스마스

양철북 진정한 일곱 살

온다 있으려나 서점

웅진주니어 팥빙수의 전설 / 머나먼 여행 / 주인공은 너야

위즈덤하우스 우리 첫 명절 일기 / 뭐든 될 수 있어 / 나는 안중근이다!

은나팔 위를 봐요!

이야기꽃 이까짓 거!

좋은책어린이 아드님, 진지 드세요

주니어RHK 눈 오는 날의 기적

주니어김영사 내 멋대로 나 뽑기 / 책 먹는 여우

창비 수박 수영장

책읽는곰 김치 특공대 / 한글 우리말을 담는 그릇

천개의바람 모두에게 배웠어

토토북 틀려도 괜찮아 / 내가 조금 불편하면 세상은 초록이 돼요 / 방학 때 뭘 했냐면요

파란자전거 비 오는 날에

한림출판사 바삭바삭 갈매기

한솔수북 태극기 다는 날

한우리북스 소방관 아저씨의 편지

휴먼어린이 맨 처음 우리나라 고조선

첫 책을 내고 강연을 다니며 많은 부모님들을 만났습니다. '책을 사랑하는 아이로 키우고 싶다'는 소망 하나로 강연장을 찾으신 분들이었지요. 그분들께 제가 항상 드리는 말씀이 있었습니다. 늘 책을 가까이 하는 부모님의 모습, 책에서 인생의 답을 찾는 삶의 태도는 우리 아이들에게 그대로 유전된다고요. 삶에 도움이 되는 좋은 습관과 태도를 물려주는 것. 그것이야말로 부모가 아이에게 해줄 수 있는 가장 훌륭한 교육이자 값진 선물이라고요.

이 책을 읽고 계신 독자님들께도 같은 말씀을 드리고 싶습니다. 아이를 바르게 키우기 위해 잠자는 시간, 쉬는 시간을 줄여가며 이 책을 읽고 계실 독자님들, 여러분들은 이미 너무나 훌륭한 부모님이십니다.

이번 책을 쓰며 걱정과 고민이 참 많았습니다. 책은 변화무쌍한 카멜레온처럼 상황에 따라, 읽는 사람의 성향에 따라 전혀 다르게 읽힐 수 있기 때문이지요. 제가 좋은 뜻으로 추천한 책이 누군가에겐 그저 그런, 또는 전혀 의미 없는 책으로 보일 수 있다는 사실이 원고를 쓰는 내내 머릿속을 떠나지 않았습니다.

그래서 더 오랜 시간 공들여 책을 선별하고 도움이 되는 이야기를 담고자 노력했습니다. 함께 아이를 키우는 육아 동지로서 애정을 담아 쓴 이 책이 여러분들께 조금이나마 도움이 되길 진심으로 바라 봅니다.

엄마로 산 지 10년이 되던 해 첫 책을 출간했습니다. 그리고 일 년 만에 두 번째 책이 나왔네요. 그저 책이 좋아서 시작한 일인데, 제 삶에 기적 같은 행운이 찾아왔습니다. 이 모든 걸 허락하신 하나님께 영광을 돌립니다.

제 책을 위해 늘 애써 주시는 로그인 편집팀에 깊이 감사드립니다. 작업에 온전히 집중할 수 있게 독박육아를 자처해 준 남편, 엄마가 여러 책을 놓고 고민할 때마다 곁에서 책을 읽고 조언해준 연우, 윤슬이에게 특별한 사랑을 전합니다. 한결같은 지지와 응원을 보내주는 가족들에게도 감사의 마음을 전합니다.

나는 매일
책 읽어주는 엄마입니다

초판 1쇄   발행일   2020년 12월 15일

지은이   이혜진
펴낸이   유성권

편집장   양선우
책임편집   윤경선   편집   신혜진 백주영
해외저작권 정지현   홍보   최예름 정가량   디자인   박정실
마케팅   김선우 김민석 박혜민 김민지
제작   장재균   물류   김성훈 고창규

펴낸곳   ㈜이퍼블릭
출판등록   1970년 7월 28일, 제1-170호
주소   서울시 양천구 목동서로 211 범문빌딩 (07995)
대표전화   02-2653-5131 | 팩스 02-2653-2455
메일   loginbook@epublic.co.kr
포스트   post.naver.com/epubliclogin
홈페이지   www.loginbook.com

로그인 은 ㈜이퍼블릭의 어학·자녀교육·실용 브랜드입니다.

이 도서의 국립중앙도서관 출판예정도서목록(CIP)은 서지정보유통지원시스템 홈페이지(http://seoji.nl.go.kr)와
국가자료공동목록시스템(http://www.nl.go.kr/kolisnet)에서 이용하실 수 있습니다. (CIP제어번호: CIP2020049582)